本项目由浙江工商大学重要窗口研究院资助出版

浙江窗口：大运河国家文化公园

程丽蓉　马智慧　曹宇宁　周鸿承　沈　珉　郭剑敏 著

浙江工商大学 出版社

ZHEJIANG GONGSHANG UNIVERSITY PRESS

·杭州·

图书在版编目(CIP)数据

浙江窗口：大运河国家文化公园 / 程丽蓉等著. —
杭州：浙江工商大学出版社，2023.10
ISBN 978-7-5178-5506-4

Ⅰ. ①浙… Ⅱ. ①程… Ⅲ. ①大运河－国家公园－建
设－研究－中国 Ⅳ. ①S759.992

中国国家版本馆 CIP 数据核字(2023)第 103989 号

浙江窗口：大运河国家文化公园
ZHEJIANG CHUANGKOU：DAYUNHE GUOJIA WENHUA GONGYUAN

程丽蓉　马智慧　曹宇宁　周鸿承　沈　珉　郭剑敏 著

出 品 人	郑英龙
策划编辑	郑　建
责任编辑	熊静文
责任校对	李远东
封面设计	朱嘉怡
责任印制	包建辉
出版发行	浙江工商大学出版社
	（杭州市教工路 198 号　邮政编码 310012）
	（E-mail：zjgsupress@163.com）
	（网址：http://www.zjgsupress.com）
	电话：0571－88904980,88831806(传真)
排　　版	杭州朝曦图文设计有限公司
印　　刷	浙江全能工艺美术印刷有限公司
开　　本	710 mm×1000 mm　1/16
印　　张	12
字　　数	176 千
版 印 次	2023 年 10 月第 1 版　2023 年 10 月第 1 次印刷
书　　号	ISBN 978-7-5178-5506-4
定　　价	58.00 元

前　言

京杭大运河作为漕运史上的奇迹,其交通运输、经贸往来的辉煌已成为历史,清代以后,作为交通大动脉的大运河已然衰落。但这并不意味着大运河使命的终结,而是另一段使命的开启。

黑格尔说:密涅瓦的猫头鹰,只有在黄昏的时候才起飞。也许对某一事物或某一历史时期的深刻意义,只有在跳出该事物或等这一历史时期结束之后,我们才能真正地、全面地认识到。这就是麦克卢汉的"反环境"理论,也称为"后视镜"理论。他指出:"大多数人都是从我称为'后视镜'的视角来看世界。我的意思是说,由于环境在其初创期是看不见的,人只能意识到这个新环境之前的老环境。换句话说,只有当它被新环境取代时,老环境才成为看得见的东西。因此,我们看世界的视角总是要落后一步。因为新技术使我们麻木,但它反过来创造了一种全新的环境,因此往往使老环境更加清晰可见。老环境之所以能够变得更加清晰可见,那是因为我们把它变成了一种艺术形式,是因为我们使自己依恋于体现它特征的物体和氛围。"[1]

随着陆运、海运和空运以及云端网络的繁盛,京杭大运河作为交通运输要道的历史已渐渐远去,在当今万物互联与无界传播的时代,回望过去,我们才能更清楚地认识到大运河对中国的政治、经济、地理的意义和对凝

---

[1] 转引自约翰·杜海姆·彼得斯:《奇云:媒介即存有》,邓建国译,上海:复旦大学出版社,2020年,第20页。

聚、传播中华民族文化艺术的意义，尤其重要的是，由中华历史智慧凝聚成大运河底层思维的"生成性思想"①的价值才充分彰显出来。京杭大运河新的历史篇章正在启幕——在文化旅游繁荣发展和新媒体风起云涌的背景下，以新的文化地理学和符号政治经济学理念为支撑，将大运河建设成为国家文化公园就是具有重大意义的"生成性思想"实验，更重要的是，这个思想实验并非止于理念或想象，而是可以在经济文化建设中逐步落地和实现的。

大运河国家文化公园的思想实验与现实实践需要在"反环境"中运用系统思维和递归思维进行。

约翰·杜海姆·彼得斯在《奇云：媒介即存有》中曾将谷歌原创的网络检索算法"佩奇排名"与学术界的互引网络（影响因子的形成机制）相提并论，即一个网站或文档在网络中位置的重要性是由其获得的入链数量决定的。② 只要能获得文档所处的位置，就能推断出该文档的内容。③ 谷歌对网页价值的判断很像索绪尔对"语义银行"的解释：一词之意义储存于另一词中并需要后者来解释。同样地，字典中的任何一个词，其意义并不是它对所谓"实在"的把握，而是由一系列其他词所组成的超链接网络来确定的。因此，所有词的意义都是缺乏先验"金本位"支持的浮动汇率网络。一个网页的价值取决于系统中其他网页对它的评价，而这些其他网页具有的评价能力，又取决于更多其他网页对它们的评价。④ 可见，在万维网中，空间的意义远远超过了时间的意义，链接的意义远远超过了定点的意义，其思维特质本质上就是系统思维。

作为媒介的一种形态，无论古时还是今日，大运河都承载着无数生活或

---

① 约翰·杜海姆·彼得斯：《奇云：媒介即存有》，邓建国译，上海：复旦大学出版社，2020年，第26—27页。

② 约翰·杜海姆·彼得斯：《奇云：媒介即存有》，邓建国译，上海：复旦大学出版社，2020年，第356页。

③ 约翰·杜海姆·彼得斯：《奇云：媒介即存有》，邓建国译，上海：复旦大学出版社，2020年，第354页。

④ 约翰·杜海姆·彼得斯：《奇云：媒介即存有》，邓建国译，上海：复旦大学出版社，2020年，第359页。

往来于此的祖祖辈辈的记忆——这种记忆可以被视为一种寄存于人脑之中的时间数据。不仅如此,大运河建设从吴国开凿邗沟始,历经各个朝代的不懈努力,最终形成庞大的网络系统,漫长的建设时间凝聚在大运河这个网络空间里。同时,这个不断延伸扩展的水系网络也不断地塑造出新的自然环境、生态环境、生产环境、社会经济环境、政治环境、文化环境网络。巨大的网络蔓延四海五洲,城市星罗棋布,商贸往来如云,中央集权和中国大一统政治格局因之得以长久维系,中华南北东西文化与中外文化因之得以滋养交融。有学者赞曰:"大运河是中国 2000 多年历史的现实见证,是保存中国古代灿烂文化最丰富的文化长廊、博物馆和百科全书。"①也有人称,大运河就是中国历史上的物联网。其实,从传播学的角度看,大运河更像是谷歌式的超级搜索引擎,入链网页与文本无数,其所具有的空间和链接价值不可估量,其链接形成的网络系统更是力量无穷。从文化意义上看,大运河则像是轴心时代出现的各种具有"元文本"意义的经典,称得上文化基因,早已融入中华民族的文化躯体之中。就这个意义层面而言,大运河正是彼得斯所谓超级"基础设施型媒介"(infrastructuralist media,或称"后勤型媒介",logistical media)。这种媒介的功能在于"对各种基本条件和基本单元进行排序","能将人和物置于网格之上,它既能协调关系,又能发号施令。它能整合人事,勾连万物"。② 德国媒介哲学家基特勒认为:媒介不是被动接收内容的容器,而是具有本体论意义的撼动者(shifters);媒介使这个世界成为可能,是世界的基础设施;媒介作为载体,其变化可能并不显眼,却能带来巨大的历史性后果。③ 从历史的"后视镜"看大运河这个超级媒介,更能洞悉大运河对于国家统一稳定繁荣与中华文化传承的重大意义,由此方能真正领会设立和建设大运河国家文化公园的宏阔视域与宏伟雄心——不仅是形而下层面的城市建设、文化旅游与经济追求,而且是通过这个文化窗口和数据处

---

①　安作璋:《中国运河文化史》,济南:山东教育出版社,2009 年,第 8 页。

②　约翰·杜海姆·彼得斯:《奇云:媒介即存有》,邓建国译,上海:复旦大学出版社,2020 年,第 42—43 页。

③　约翰·杜海姆·彼得斯:《奇云:媒介即存有》,邓建国译,上海:复旦大学出版社,2020 年,第 29 页。

理器的建设,重启大运河的历史智慧赋能,其沟通南北东西、辐射四海内外、联动各行各业、融通各阶层力量的中华文化思维方式,在当今世界尤为重要,兹事体大。

我们主张不要对大运河国家文化公园进行物质主义的短视使用——简单将之视为文化产业,进行文化生产和传播,或者将之作为生态文化旅游资源,紧盯着其当下的资源开发利用价值,而是要进行一种思想实验,将大运河作为基础设施型媒介,就如"一种数据处理器,将处于不同时间和空间中的主体和客体联系起来"①,看到大运河所代表的中华文化思维和文化符号所承载的影响巨大深远的思想价值与文化价值,以及以大运河为媒介而入链建构的跨越时空的多元网络格局。

当然,大运河国家文化公园的建设不仅要仰望星空,运用媒介系统思维从宏观层面思考其在链接历史与未来、运河区域与全国、中国与世界的大坐标上的价值意义,充分顾及网络链条的相互关联与影响作用,而且要脚踏实地,在系统思维的思考背景下,回归大运河国家文化公园建设的各层面、各环节乃至各细节,用递归思维稳扎稳打。阿里巴巴的智能设计平台——鲁班系统采用的就是自上而下的递归设计思路:由视觉设计专家把设计问题抽象成"风格—手法—模板—元素"这样的数据模型。顶层是风格,往下一层是设计手法,再下一层是模板,最底层则是设计框架,即构成banner图②的每一个设计元素,如商品主体、背景、修饰等。鲁班系统通过这样的神经网络学习,再加另外两大模块"行动器"和"评估网络"的训练,其设计产出质量已经能够达到初级设计师的水准了,而效率(平均8000张/秒)更是远超人类设计师,很多banner图都是鲁班系统的作品。资深设计师和设计专家的设计思路和鲁班系统有很多相似之处,都是看到一个设计需求就已经知道要做成什么风格了,然后是思考这样的设计风格会用到哪些设计手法,再下一步,脑中会出现该设计手法可能用到的模板样式,最

---

① 约翰·杜海姆·彼得斯:《奇云:媒介即存有》,邓建国译,上海:复旦大学出版社,2020年,第353页。

② 注:banner图,指横跨于网页上的矩形公告牌。

后选择相应的设计元素实现它。其基本原理就是从上往下嵌套,最终将一个复杂问题分解为一个个机器容易解决的简单问题。在谷歌模式中,对网页的检索工具就是检索的对象(网络)本身,谷歌的架构方式也代表了万维网架构的递归思维——"将关于事物的'元讯息'递归到事物本身之中,这是图灵时代的媒介具有的一个显著特征"①。在当今云计算时代,大运河国家文化公园建设更需要这种自上而下的递归设计,要考虑到每个层级之间和各层级诸方面之间的关联性,而不是条块分割、各自为政,造成文化资源的巨大浪费甚至异化。

　　大运河国家文化公园建设提出以来,浙江特别是杭州就在积极探索如何打造杭州样板和浙江样板,在建设成为新时代全面展示中国特色社会主义制度优越性的重要窗口的过程中,讲好运河故事,传承运河文脉,进而推动历史与现实交汇、自然与人文交融、产业与城市共兴,助力杭州彰显历史文化名城的独特韵味,创新遗产活态利用的有效路径,增强市民群众的文化获得感。杭州已成功实现大运河定位的"三大目标"中的"还河于民"和"申报世遗",现在正全力冲击第三大目标,即"打造世界级旅游产品",这又是与成功举办亚运会和建设世界级消费城市紧密结合的,体现在规划、保护、建设、利用、开发与国际传播、科技融合等各方面,各界人士都在不断探索。"良渚是 5000 年前的城市雏形,西湖是一座水利工程,而运河是一个交通工程。"良渚古城遗址、西湖、大运河三大世界遗产如何有效整合、错位发展、文旅融合,是助力杭州打造独特韵味、别样精彩的世界名城现阶段需要关注的重点。浙江省大运河文化保护传承利用暨国家文化公园建设工作专家咨询委员会副主任刘亭提出,要在整体上把握好 5 对关系——虚和实的关系、古和今的关系、内和外的关系、产和城的关系、政府和市场的关系,同时可以借助"一带一路"倡议深入开展东西方文化交流,加快运河自身的国际化进程。②

　　①　约翰·杜海姆·彼得斯:《奇云:媒介即存有》,邓建国译,上海:复旦大学出版社,2020 年,第 355 页。

　　②　《打造大运河国家文化公园"杭州样板"》,2021 年 2 月 1 日,http://yunhe.china.com.cn/2021-02/01/content_41457826.htm,2022 年 6 月 10 日。

　　从近年国家社科基金项目立项情况看,运河文化研究正在向历史学、考古学、文献学、语言学、文学、管理学、社会学、传播学、数字人文、民族问题、体育学等各领域逐步深入,特别是京杭大运河文献数据库的建立,以及"大运河与中国古代社会研究""大运河文化遗产保护理论与数字化技术研究""大运河文化建设研究""民间文献与京杭运河区域社会研究"等重大、重点项目的开展,正在从学术研究层面推进大运河国家文化公园建设。浙江、江苏、山东、北京等沿大运河各省市也设立了各级项目推进学术研究。与此同时,与运河遗产传承保护和改造相关的各项政策措施也在加紧制定和落实。再者,形而下的基础设施和文化旅游项目、文化工程项目也得以迅速展开,特别是各地大运河文化博物馆陆续拔地而起,各地实体性的运河文化公园项目和文化旅游项目次第绽放。此外,在数字化技术和新媒体传播时代,大运河文化的开发也正与各种数字技术和新媒体载体及形式结合,创造出包括微视频、微信公众号、戏剧影视产品、文创、动漫、沉浸式夜游等丰富多样的文化产品,探索出大运河国家文化公园的虚拟世界建构与实体经济之间的结合形式。

　　国家文化公园怎么建设,沿河各地方政府部门、商界业界都在关注、思考和探索,浙江也在奋楫争先。我们这个由来自高校和地方研究部门的人员组成的小团队近年来一直关注追踪大运河国家文化公园的建设,尤其是浙江如何在其中发挥"重要窗口"作用的问题。本书的写作正是基于我们对这个问题的观察和思考。本书涉及体制机制、规划探索与创新、数字化建设、符号经济学、场景传播、红色资源传播、中外运河城市品牌建设等内容,分别由杭州国际城市学研究中心研究员马智慧,浙江树人大学经济与民生福祉学院讲师曹宇宁,浙江传媒学院新闻与传播学院教授沈珉,以及浙江工商大学人文与传播学院、大运河文化研究院教授程丽蓉、郭剑敏、周鸿承撰写。

　　大运河作为基础设施型媒介博大精深、源远流长,大运河国家文化公园则融通古今、虚实,汇聚物质与精神财富,彰显中华文化元文本符号,意义非凡。我们以浙江为例,放眼中外,从宏观、中观与微观各层面进行探索,愿为大运河国家文化公园建设做"一根思考的芦苇",贡献一丝智慧之力,在运河文化研究前辈专家学者汇聚出的溪流湖海之中添一朵小小的浪花,错漏之处,恳请方家批评指正!

程丽蓉

2022 年 6 月

目 录

1

浙江大运河国家文化公园建设的体制机制建构

　　大运河浙江段是中国最早人工开凿的运河段之一,也是"拖船坝""复式船闸""溢洪坝"等水利、航运技术的发源地,保留有拱宸桥、长虹桥、慈城古镇等古建遗存,代表了古代内河水利、航运技术的最高水平,体现了中国古代桥梁、传统建筑的高超技术和思想智慧,具有极高的历史、科学和人文价值。在全国大运河保护传承利用工作中,以杭州运河综合保护工程为典型,大运河浙江段保护传承利用工作规模大、持续时间长、投入资金多、获益百姓广、综合品质高。2006 年 12 月 31 日,时任中共浙江省委书记的习近平同志在考察大运河综合保护工程时,对杭州市改善运河自然人文生态环境和两岸居民的生活环境所做出的努力给予充分肯定,指出:"运河综合整治与保护开发工程突出了还河于民、造福于民的要求,希望杭州用好运河这张'金名片',把运河真正打造成具有时代特征、杭州特色的景观河、生态河、人文河,真正成为'人民的运河''游客的运河'。"①在大运河国家文化公园建设的新时期,浙江虽然没有入选"重点建设区",但应站在打造"国家名片"的高度,保持在大运河保护传承利用工作中的领先优势,打造大运河国家文化公园建设样板段,让大运河国家文化公园浙江段成为"重要窗口"的特色和亮

---

　　① 《习近平在杭州调研为民办实事工作时强调:落实以人为本要求　重视民生办好实事》,《浙江日报》2007 年 1 月 1 日,第 1 版。

点,成为共同富裕示范区的典型和标杆。

大运河浙江段包括江南运河浙江段,浙东运河及其故道、复线等河道。纳入中国大运河世界文化遗产的点段共有 18 处,数量位列沿线 8 省市第二;列入世界文化遗产的河段长 327 千米,占遗产河道总长的 32.3%。大运河浙江段至今仍发挥着航运、水利、行洪等功能,是中国大运河活态利用最集中的区域。浙江省大运河国家文化公园建设对探索整个大运河国家文化公园建设的机制和科学方法具有很强的示范作用。根据《长城、大运河、长征国家文化公园建设方案》,到 2023 年底基本完成大运河国家文化公园建设任务,时间紧、任务重、困难多。体制重于技术,机制重于政策。对于大运河这一时空跨度大、文化种类多的线性遗产,建设国家文化公园,更需要重视和创新体制机制,立足实际,不断完善体制机制建构,为大运河国家文化公园建设和长期可持续发展提供坚实支撑。

1.1　国家文化公园建设体制的顶层设计

申遗成功对大运河的保护利用工作提出了更高标准和要求。习近平总书记专门做出"大运河是祖先留给我们的宝贵遗产,是流动的文化""要统筹保护好、传承好、利用好"的重要指示。2019 年 2 月中共中央办公厅、国务院办公厅印发了《大运河文化保护传承利用规划纲要》,强化顶层设计,推进保护传承利用工作。同年 7 月,中央全面深化改革委员会第九次会议审议通过了《长城、大运河、长征国家文化公园建设方案》,为"后申遗时代"大运河保护传承利用指明了方向。

国家文化公园建设是国家推进实施的重大文化工程,通过整合具有突出意义、重要影响、重大主题的文物和文化资源,实施公园化管理运营,实现保护传承利用、文化教育、公共服务、旅游观光、休闲娱乐、科学研究等功能,形成具有特定开放空间的公共文化载体,集中打造中华文化重要标志,以进一步坚定文化自信,充分彰显中华优秀传统文化持久影响力、社会主义先进文化强大生命力。国家文化公园坚持以长城、大运河、长征沿线一系列主题明确、内涵清晰、影响突出的文物和文化资源为主干,生动呈现中华文化的独特创造、价值理念和鲜明特色,促进科学保护、世代传承、合理利用,积极拓展思路、创新方法、完善机制,做大做强中华文化重要标志,探索新时代文物和文化资源保护传承利用新路。

根据《长城、大运河、长征国家文化公园建设方案》,用 4 年左右时间,到 2023 年底基本完成大运河国家文化公园建设任务。大运河国家文化公园建设涉及京杭大运河、隋唐大运河、浙东运河 3 个部分,江南运河、浙东运河等 10 个河段。为顺利完成国家文化公园建设任务,《长城、大运河、长征国家文化公园建设方案》对中央层面体制机制及部门分工协调做了统一部署。

1.1.1 中央统筹体制架构

作为时空跨度很大的线性遗产,在治理层面,大运河保护传承利用最大的挑战是统筹问题。这一问题在申报世界遗产时即已面临挑战,当时由全国政协牵头,协调沿线各行政区域的工作步调,以便统筹推进申遗工作。国际上多以"遗产廊道"作为跨区域遗产协同保护的常用模式,设立"第三部门"——遗产廊道委员会,形成以合作伙伴关系为基础的工作方式。[①] 国家文化公园建设坚持"总体设计、统筹规划"原则,突出顶层设计,统筹考虑资源禀赋、人文历史、区位特点、公众需求,注重跨地区跨部门协调,与法律法规、制度规范有效衔接。因此,在中央治理体制架构层面,成立国家文化公园建设工作领导小组,中央宣传部部长任组长,中央宣传部、国家发展和改革委员会、文化和旅游部负责同志任副组长,中央宣传部、中央网信办、中央党史和文献研究院、国家发展和改革委员会、教育部、财政部、自然资源部、生态环境部、住房和城乡建设部、交通运输部、水利部、农业农村部、文化和旅游部、退役军人事务部、市场监管总局、国家广播电视总局、中央广播电视总台、国家林业和草原局、国家文物局、中央军委政治工作部有关负责同志为成员。领导小组办公室设在文化和旅游部。

---

① 邹统钎、韩全:《国家文化公园建设与管理初探》,《中国旅游报》2019 年 12 月 3 日,第 3 版。

1.1.2 纵向与横向协同机制

国家文化公园建设坚持"因地制宜、分类指导"原则,充分考虑地域广泛性、文化多样性和资源差异性,实行差别化政策措施,有统有分、有主有次、分级管理、地方为主,最大限度调动各方积极性,实现共建共赢。在国家文化公园建设工作领导小组框架下,部门与行政区之间,既要合理分工,又要有效协同,以便超越行政区划、超越单体遗产或河段,将大运河作为一个国家文化共同体加以保护传承利用,形成一种新的、符合中国实际的线性遗产协同治理机制,建立从中央到地方的垂直治理和横向协同机制,构建中央统筹、省负总责、分级管理、分段负责的工作格局。强化顶层设计,跨区域统筹协调,在政策、资金等方面为地方创造条件。发挥部门职能优势,整合资源形成合力。分省设立管理区,省级党委和政府承担主体责任,加强资源整合和统筹协调,承上启下开展建设。厘清中央与地方、相关部门、地区之间的关系,构建"中央统筹、部门联动、区域协调"的跨区域、跨部门治理机制,实现对区域文化旅游资源的有效整合和一体化开发。①

1.2 大运河国家文化公园建设体制的构建模式

1.2.1 基于综合协调的牵头机制

作为时空跨度很大、资源要素丰富的线性遗产,大运河保护传承利用一直存在多头管理的问题,物质遗存、非物质文化遗产(简称"非遗")、水利、航运等归属不同部门。其流经的不同行政区,在水体治理、遗产保护、水利建设、航运管理等方面也都存在管理交叉问题。这些情况容易造成整体治理的碎片化问题。建设国家文化公园有助于重构大运河的治理体系,形成国

---

① 徐丽桥:《要形成各种规模兼具、结构合理的国家文化公园体系》,《中国艺术报》2021年3月5日,第3版。

家统筹与地方权责之间的良性互动,以便对大运河保护传承利用进行统一
规划和统筹实施,有效协调多部门的管理工作和多行政区的职责。基于此,
在国家文化公园建设工作领导小组统筹领导下,由国家发展和改革委员会、
文化和旅游部牵头负责大运河国家文化公园建设的组织协调。这一牵头机
制主要是为了便于大运河国家文化公园建设的综合协调,更好发挥国家发
展和改革委员会以及文化和旅游部的综合性职能。

1.2.2　部门与地方分工归口

为系统推进国家文化公园的建设工作,《长城、大运河、长征国家文化公
园建设方案》构建了四大体系 11 个方面的部门与地方分工体系。

（1）方案与规划体系

制订大运河国家文化公园建设实施方案。由国家发展和改革委员会、
文化和旅游部作为牵头单位,制订大运河国家文化公园建设实施方案。相
关责任单位有:财政部、中央网信办、中央党史和文献研究院、教育部、自然
资源部、生态环境部、住房和城乡建设部、交通运输部、水利部、农业农村部、
退役军人事务部、市场监管总局、国家广播电视总局、国家林业和草原局、国
家文物局、中央军委政治工作部。

编制大运河国家文化公园建设保护规划。中央宣传部、国家发展和改
革委员会、文化和旅游部为牵头单位。相关责任单位有:财政部、中央网信
办、中央党史和文献研究院、教育部、自然资源部、生态环境部、住房和城乡
建设部、交通运输部、水利部、农业农村部、退役军人事务部、市场监管总局、
国家广播电视总局、国家林业和草原局、国家文物局、中央军委政治工作部,
以及相关省份党委和政府。

编制分省份的大运河国家文化公园建设保护规划。由中央宣传部、国
家发展和改革委员会、文化和旅游部、国家文物局共同牵头,相关省份党委
和政府具体实施。

（2）宣传与推广体系

中央宣传部、国家发展和改革委员会、文化和旅游部、中央广播电视总
台、国家文物局负责拍摄电视专题片《大运河之歌》。

中央宣传部、国家发展和改革委员会、文化和旅游部与相关省份党委和政府协同建设大运河国家文化公园官方网站和数字云平台。

中央宣传部、国家发展和改革委员会、文化和旅游部牵头，会同中央网信办、中央党史和文献研究院、自然资源部、生态环境部、住房和城乡建设部、交通运输部、水利部、农业农村部、退役军人事务部、国家林业和草原局、国家文物局，以及相关省份党委和政府，共同建设国家级大运河文物和文化资源管理信息共享交流平台和数字云平台。

中央宣传部负责设立"大运河文化研究"国家社科基金特别委托项目，构建与国家文化公园建设相适应的理论体系和话语体系。

（3）资金和保障体系

中央财政通过现有渠道予以必要补助并向西部地区适度倾斜，中央宣传部、国家发展和改革委员会、文化和旅游部、国家文物局按职责分工对资源普查、规划编制、重点区建设等给予指导支持。

交通运输部、中央宣传部、国家发展和改革委员会、文化和旅游部、国家文物局，会同相关省份党委和政府，以《全国红色旅游公路规划（2017—2020年）》、各省交通运输五年规划等为依托，在大运河国家文化公园建设区域打通"断头路"、改善旅游路、贯通重要节点。

（4）遗产保护体系

中央宣传部、国家发展和改革委员会、文化和旅游部、国家文物局共同制定大运河保护条例。中央宣传部、国家发展和改革委员会、文化和旅游部牵头，会同中央有关部门与相关省份党委和政府，实施文物和文化资源保护传承利用协调推进基础工程。

1.2.3　多元共治的社会参与机制

大运河作为活态遗产，要促进其科学保护、世代传承、合理利用，离不开广泛、多元的社会参与。国家文化公园建设应坚持"以人民为中心"和"人民公园"的理念，在坚持公益优先的前提下，考虑历史文化遗产与遗产地社区及周边居民长期以来所形成的密不可分的关系，充分发挥国家文化公园服务社区的功能。① 《长城、大运河、长征国家文化公园建设方案》提出,突出活态传承和合理利用,与人民群众精神文化生活深度融合、开放共享,充分考虑地域广泛性、文化多样性和资源差异性,最大限度调动各方积极性,实现共建共赢。同时,引导社会资金发挥作用,激发市场主体活力,完善多元投入机制。

构建完整的社会参与机制,离不开社会认同感的塑造。通过广泛、持续的公民教育,提高社会认同感,强化共同保护意识,塑造整体保护理念,以社会参与和引导,"避免在行政辖属破碎化的情况下,国家文化公园出现政区化的管理局面"②。

推进大运河科学保护传承利用,更离不开专家的参与和支撑。《长城、大运河、长征国家文化公园建设方案》提出,设立专家咨询委员会,提供决策参谋和政策咨询。专家咨询委员会在国家文化公园建设工作领导小组及其办公室的领导和协调下,积极完成交办任务、委托事项,主要为领导小组及相关方面提供决策咨询、政策建议,研究建立国家文化公园学科体系、学术体系、话语体系,评议各地报审的国家文化公园建设保护规划及相关材料,积极推动国家文化公园及其建设工作的宣传介绍、说明展示、开拓性建设、引领性发展。专家咨询委员会内设长城、大运河、长征专家组,分别对接服务长城、大运河、长征国家文化公园建设,涵盖了历史、文化、旅游、文物、规划、艺术管理、科技、生态等领域的知名专家学者和专业管理人员。

1.3 浙江省大运河国家文化公园建设体制机制的探索

大运河浙江段是中国大运河中全线通航、至今仍在活态利用的省段之一,承载着向世界展示中华文明生命力、浙江文化活力的重大历史使命。当

---

① 吴丽云:《国家文化公园建设要突出"四个统一"》,《中国旅游报》2019 年 10 月 23 日,第 3 版。

② 邹统钎、韩全:《国家文化公园建设与管理初探》,《中国旅游报》2019 年 12 月 3 日,第 3 版。

前,浙江正承担着"努力成为新时代全面展示中国特色社会主义制度优越性的重要窗口"以及"高质量发展建设共同富裕示范区"的新使命。浙江省大运河国家文化公园建设更应该在"重要窗口"和"共同富裕示范区"建设中干在实处、走在前列,要在体制机制方面率先探索、积极示范。

1.3.1 大运河国家文化公园建设体制的省际比较

江苏先行开展大运河国家文化公园试点建设,走在前列,起到了示范带头作用。江苏的大运河国家文化公园建设坚持世界眼光、中国气派、江苏特色,既浓墨重彩、高质量打造标识工程,又工笔绘就、精致建设一批核心展示园、集中展示带、特色展示点和运河文化空间,把每个项目都建成精品工程、经典工程,努力把大运河文化带江苏段建成走在前列的先导段、示范段、样板段。在治理体制上,搭建"一组、一智库、一基金、一国际组织、一展会、一法规"的组织架构和保障体系。"一组",就是建立省大运河文化带建设工作领导小组,由省委书记任组长,省长任第一副组长,常务副省长、宣传部部长、分管副省长任副组长,省直 17 个责任部门和 11 个运河相关设区市主要负责同志任成员。领导小组下设文化、生态、旅游 3 个专项工作组,分别由省委宣传部、省生态环境厅、省文化和旅游厅牵头开展工作。领导小组办公室设在省委宣传部,由宣传部部长兼任主任。"一智库",就是成立大运河文化带建设研究院,将其确立为省级重点智库,由省社院负责管理运作,并依托省内高校分别成立苏州、扬州、淮安、徐州等城市分院和农业文明行业分院,为大运河文化带建设提供专业智力支撑。"一基金",就是省政府设立大运河文化旅游发展基金,首期规模为 200 亿元,这是全国首个大运河主题的政府发展基金。"一国际组织",就是发挥世界运河历史文化城市合作组织秘书处设在扬州的地理优势,通过加大支持力度,搭建大运河文化带国际交流合作平台。"一展会",就是立足大运河全域,举办大运河文化旅游博览会,致力打造运河沿线城市文旅融合发展平台、文旅精品推广平台、美好生活共享平台。"一法规",就是省人大常委会推动编制《关于促进大运河文化带建设的决定》。

天津市大运河文化保护传承利用领导小组调整为天津市大运河文化保

护传承利用暨长城、大运河国家文化公园建设领导小组,负责统筹指导、推进天津市大运河文化保护传承利用和长城、大运河国家文化公园建设各项主要任务和重点工程建设,研究审议相关重要政策和其他重要事项,协调解决跨省市、跨区、跨部门的重大问题。市委常委、常务副市长担任组长,市委常委、市委宣传部部长及3位分管副市长担任副组长,市委宣传部有关副部长,市人民政府分管副秘书长,市委网信办、市发展和改革委员会、市教育委员会、市工业和信息化局、市财政局、市人力资源社会保障局、市规划和自然资源局、市生态环境局、市住房和城乡建设委员会、市城市管理委员会、市交通运输委员会、市水务局、市农业农村委员会、市商务局、市文化和旅游局、市退役军人局、市市场监管委员会、市体育局、市委党校、天津海河传媒中心、天津警备区相关负责同志,南开区人民政府、河北区人民政府、红桥区人民政府、西青区人民政府、北辰区人民政府、武清区人民政府、静海区人民政府、蓟州区人民政府主要负责同志为成员。领导小组办公室设在市发展和改革委员会,负责制定年度目标任务,组织相关部门和沿线各区推进重点工作和重大工程的实施。

另外,河北省组建省国家文化公园建设工作领导小组,省委常委、宣传部部长任组长;河南省组建省大运河文化保护传承利用暨大运河国家文化公园建设领导小组,省委常委、常务副省长担任组长。

1.3.2　浙江省大运河国家文化公园省级建设领导机构的结构

2020年5月,浙江省大运河国家文化公园建设工作领导小组正式运转。省委常委、宣传部部长担任组长,省政府分管副秘书长、省委宣传部分管副部长、省发展和改革委员会分管副主任、省文化和旅游厅厅长担任副组长。领导小组成员单位包括:省委宣传部、省发展和改革委员会、省文化和旅游厅、省委党史和文献研究室、省教育厅、省财政厅、省自然资源厅、省生态环境厅、省建设厅、省交通运输厅、省水利厅、省文物局、省发展规划研究院、杭州市委宣传部、宁波市委宣传部、湖州市委宣传部、嘉兴市委宣传部、绍兴市委宣传部。沿线5市设立市级大运河国家文化公园建设工作领导小组。

1.3.3　浙江省大运河国家文化公园省级牵头与协调机制

浙江省大运河国家文化公园建设工作领导小组办公室设在省发展和改革委员会,日常办事机构为省发展和改革委员会社会处,省委宣传部责任处室负责人担任办公室主任,省发展和改革委员会社会处负责人担任办公室常务副主任,省文化和旅游厅责任处室、省文物局责任处室负责人担任办公室副主任。

构建省总负责,市县联动、分段负责的工作格局。发挥浙江省大运河国家文化公园建设工作领导小组统筹作用,研究审议重要政策、重点工作、计划总结等重要事项,指导做好重大任务、重大工程、重大措施的组织实施。主要负责协调管理管控保护区和主题展示区,指导各具体主管单位落实管理责任,并督促属地政府划定文化和旅游融合区的具体范围,维护传统利用区的生产生活风貌。

1.3.4　浙江省大运河国家文化公园建设的考评机制

制订浙江省大运河国家文化公园建设实施方案,对重点工作进行细化分解,明确责任主体、时间表和线路图,通过检查、监测、督查、评价等方式,推动各项工作落地落实。定期对重大事项、重大工程、重大项目等进行跟踪评估,及时总结评估规划实施情况,确保规划落实到位,高质量建成大运河国家文化公园。

建立健全大运河文化保护传承利用考核体系,对大运河文化保护传承利用工作实施中期评估,对大运河文化遗产保护管理工作的成效以及项目规划的落实情况等进行调查、评估和动态调整。

1.3.5　浙江省大运河国家文化公园建设的社会参与机制

设立大运河文化保护传承利用暨国家文化公园建设专家咨询委员会,提供决策参谋和政策咨询。2020年12月10日上午,浙江省大运河文化保护传承利用暨国家文化公园建设专家咨询委员会正式成立。专家咨询委员会成员分为综合组、文化文物组、发展规划组、空间建设组、水利交通组和生态环境组 6 个组别,以政策设计、思路构建、方案策划为重点,在重大项目建设上多献良策,在运河文化研究上发挥专业所长,提供有前瞻性、战略性和可操作性的决策咨询建议和智库服务。

突出大运河国家文化公园建设保护的公益属性。对大运河沿线优质文化旅游资源秉承一体化开发原则,建立健全政府部门、文博机构、文旅企业、社会组织和公众参与保护开发的长效机制。鼓励和引导社会资本通过兴办实体、资助项目、提供服务、捐赠物资等方式参与建设运营,依法依规推动政府和社会资本合作。鼓励成立各类志愿者组织,组织和支持各类志愿者参与文化研究、环境保护、宣传推广、特色展示等活动。建立健全信息公开制度、举报制度和权利保障机制、社会监督机制,用好公众参与平台。

1.4 浙江省有关地市大运河国家文化公园建设体制机制模式

1.4.1 浙江省有关地市大运河国家文化公园建设体制机制的多元探索

国家文化公园建设坚持"积极稳妥、改革创新"原则,破除制约性瓶颈,解决深层次矛盾,务求符合基层实际。这一原则为基层创新探索提供了政策支撑。浙江 5 个地市立足各自实际,在大运河国家文化公园建设体制机制方面开展了多元探索。

杭州市成立以市委常委、宣传部部长为组长,市政府 2 位分管副市长为副组长,19 家市直和城区国有企事业单位人员为成员的杭州大运河文化保护传承利用暨国家文化公园建设工作领导小组,全面负责大运河文化保护传承利用和国家文化公园建设的组织领导、统筹协调和指导督促等工作。领导小组下设办公室和施工队:办公室负责领导小组日常工作,由市委宣传部分管领导、市发展和改革委员会主要领导兼任主任;施工队主要负责重大项目建设,队长由市发展和改革委员会主要领导兼任。

宁波市大运河国家文化公园建设工作领导机构由原大运河申遗工作领导小组演变而来。2015 年申遗工作领导小组改为大运河遗产保护管理委员会,由分管副市长牵头。2020年该委员会调整为市委议事协调机构,由市委宣传部部长牵头。

湖州市成立大运河文化保护传承利用暨国家文化公园建设工作领导小组,由市委常委、宣传部部长担任组长,办公室设在市发展和改革委员会,统筹推进大运河文化保护传承利用和国家文化公园建设各项工作。

嘉兴市成立市大运河国家文化公园建设工作领导小组。领导小组组长由市委常委、宣传部部长和市政府分管副市长担任。领导小组副组长分别由市委宣传部、市发展和改革委员会、市文化广电旅游局主要负责人担任。领导小组办公室设在市发展和改革委员会,市委宣传部、市发展和改革委员会分管负责人分别任办公室主任、常务副主任,市委宣传部、市发展和改革委员会、市文化广电旅游局职能处室负责人担任办公室副主任。

绍兴市成立以市委书记、市长为组长的工作领导小组。市委宣传部部长和分管文旅工作的副市长担任副组长。领导小组办公室设在市发展和改革委员会。

1.4.2　县(市、区)参与机制

大运河沿线25个县(市、区)明确工作负责机构,负责大运河文化保护传承利用重大工程、重大项目,建立项目社会化推进机制,制订项目推进时间表和任务书,确保各项任务有效落实。建立市县联席会议制度,增强沿线县(市、区)主要领导对大运河文化保护传承利用重要性的认识和责任担当意识,组织地方领导干部进行专题培训,增强其组织领导大运河文化保护传承利用的意识和能力。

1.4.3　综合考评机制

大运河沿线5个城市均将大运河国家文化公园建设纳入各级政府目标考核体系,切实增强责任感、调动积极性,督促各方加大资金投入,形成管理合力,提高管理效率和质量。通过第三方评估、满意度调查等方式,对工作成效和项目实施情况等进行跟踪调查、评估和动态调整。例如,杭州大运河文化保护传承利用暨国家文化公园建设工作领导小组出台工作规则、成员

单位工作职责和年度工作要点,加强统筹协调,分解工作任务,落实工作责任,将大运河保护传承利用和国家文化公园建设工作纳入杭州市"文化兴盛"行动考核和年度综合考评内容中。

1.4.4 浙江省有关地市大运河国家文化公园建设的社会参与机制

支持市民参与大运河国家文化公园建设,建立共建共享、共同治理的实施机制,营造全社会关心、支持、参与的良好氛围。鼓励公民、法人和其他组织通过捐赠等方式参与筹措大运河保护传承利用相关资金,引导社会资本参与文化遗产保护、生态环境保护修复、文旅融合发展等领域的重点工程和重点项目建设。

组建并充分发挥专家咨询委员会的作用,开展大运河保护传承利用领域的咨询服务,在深化内涵、深挖亮点、塑造品牌标识、研究未来主抓手上推出高质量成果,为大运河国家文化公园建设提供智力支撑。

1.5 国家公园建设体制对完善国家文化公园建设体制的借鉴

"国家文化公园"是一个全新的概念,首先出现在 2017 年《关于实施中华优秀传统文化传承发展工程的意见》中。而国际上探索较早的类似概念是"国家公园"。因此,我们可以从国家公园建设体制的实践中,获取相关经验。

1.5.1 国家公园与国家文化公园的关联

根据世界自然保护联盟(IUCN)的定义,国家公园(national park)是指用于生态系统保护及游憩活动的天然的陆地或海洋,指定用于:为当代和后代保护一个或多个生态系统的完整性;排除任何形式的有损于该保护区管理目的的开发和占有行为;为民众提供精神、科学、教育、娱乐和游览的基地;用于生态系统保护及娱乐活动的保护区。① 在该区域内,可以适度开展教育、科研和旅游活动。自 1872 年世界上第一个国家公园——美国黄石国家公园诞生至今,世界上已有 150 多个国家设立了国家公园。

我国对国家公园内涵的认识不断深化发展。2017 年 9 月印发的《建立国家公园体制总体方案》明确将国家公园定义为:"由国家批准设立并主导管理,边界清晰,以保护具有国家代表性的大面积自然生态系统为主要目的,实现自然资源科学保护和合理利用的特定陆地或海洋区域。"这一概念表明,国家公园建设的基本理念是"生态保护第一",设立标准是"自然生态系统代表性、面积适宜性和管理可行性"。可见,这里的国家公园概念基本上等同于自然保护地体系。而由于我国传统的自然保护地体系是按照资源类型分类设置的,因此,在实践中便出现了国家自然保护区、国家风景名胜区、国家水利风景区、国家森林公园、国家湿地公园、国家地质公园、国家矿山公园等 7 种类型。

国外并没有"国家文化公园"的概念,这一概念属于国内首创,目前定义还未明确统一。有一些学者认为,国家文化公园属于国家公园的一个分支。而国家公园的概念起源于美国,最早由美国艺术家乔治·卡特林于 1832 年提出。1872 年 3 月 1 日,美国正式成立世界上第一个国家公园——黄石国家公园。之后许多国家也仿照黄石国家公园的模式相继建立自己的国家公园,如加拿大的班夫国家公园(1885)、瑞典的阿比斯库国家公园(1909)、瑞士的瑞士国家公园(1914)以及坦桑尼亚的塞伦盖蒂国家公园(1951)等。目前世界上实行国家公园管理制度的国家和地区有 200 多个,国家公园体系日趋完善,逐步形成了 3 种具有代表性的管理模式,分别为中央主导型国家公园体系(以美国、加拿大为代表)、地方自治型国家公园体系(以德国为代表)和综合管理型国家公园体系(以日本、韩国为代表)。这些发达国家在国家公园管理体制、财政体制、文化遗产保护机制方面做出了有益的探索。

---

① 李树信:《国家文化公园的功能、价值及实现途径》,《中国经贸导刊》(中)2021 年第 3 期,第 152—155 页。

1.5.2 国家公园建设体制探索

由于国情不同,不同国家的国家公园在保护地域、所有制、公园功能设置等方面存在一定的差异。从公园面积来看,北美的美国、加拿大和大洋洲的澳大利亚由于地广人稀,设立的国家公园面积辽阔;欧洲大陆由于国家众多、人口密集,设立的国家公园大多面积较小(不超过 100 平方千米)。从管理机制来看,有以美国为代表的中央主导型管理模式,美国国家内政部下设国家公园管理局负责统筹国家公园的大小事务;有以德国、澳大利亚为代表的地方自治型管理模式,德国国家公园由各州政府或地区政府自主管理;有以英国、法国、日本为代表的综合管理型管理模式,英国国家公园由国家公园管理局与国家公园内所有的土地所有者共同合作进行管理。从功能分区来看,美国国家公园强调生态环境保护和为公众提供娱乐、旅游体验的场所,按照资源保护程度和可开发利用程度,划分为原始自然保护区、文化遗址区、公园发展区和特殊使用区;韩国国家公园根据资源保护、公众游憩和教育以及居民生活的需要,划分为自然保存区、自然环境区、居住地区、公园服务区。①

因各国的政治体制、经济发展水平、土地所有权、历史背景等各不相同,各国在建设国家公园中设计运用的管理体制、保护规划、法律法规等也各不相同。

(1)管理体系分析

通过对各国的管理实践进行总结发现,世界各国总体上形成了中央主导型、地方自治型和综合管理型 3 种主要的管理体制类型。以美国为主的中央主导型管理模式主要是通过设立专门的管理机构,从上而下进行垂直管理。以德国和澳大利亚为主的地方自治型管理模式主要是由国家公园所在地政府进行管理,中央政府只颁布法规和政策,不得干涉当地政府的决策。以英国、日本为主的综合管理型管理模式则是中央政府参与国家公园

---

① 李树信:《国家文化公园的功能、价值及实现途径》,《中国经贸导刊》(中)2021 年第 3 期,第 152—155 页。

的建设,当地政府在国家公园的建设中具有一定的权力,可以参与政策和规划等的制定。

美国——中央主导型管理模式。作为世界上第一个建立国家公园的国家,美国采取中央主导型管理模式,由联邦内政部统一负责国家公园管理事务。内政部下设国家公园管理局,独立行使管理权,主要负责国家公园的规划编制、政策安排、为国家公园的运营提供经费保障等管理工作,地方政府无权干预国家公园的日常管理事务。管理局下设7个地区管理办公室,主要负责园内的特许经营、商业管理等事务。管理分局下设基层管理机构——公园管理处,每个国家公园设园长1名,负责国家公园具体事务的管理,例如园内的资源管理、游憩娱乐、教育宣传等项目的开展,形成"国家公园管理局—地区管理办公室—基层管理机构"三级垂直管理体制。此种纵向权力分配方式使美国在未单独建立内部决策、执行和监督三方机构的情况下,仍然保证权力不被滥用,同时也为其他主体参与国家公园管理创造了条件。在政府主导的基础上,美国多方社会力量也同时参与国家公园的管理工作。企业、个人、科研机构、非政府组织以特许经营项目、社会捐赠等方式,通过设立国家公园基金会,为国家公园提供资金和人力支持,保障国家公园的高效运转。美国的垂直管理体制在坚持国家公园公益性、科学性保护原则的基础上,实现了建立国家公园"生态保护"的根本目的;同时公园管理局独立行使职权,提高了管理的有效性和科学性。

德国——地方自治型管理模式。作为联邦共和制国家,德国采取地方自治型管理模式。中央层面由环保部及联邦自然保护局负责宏观层面的管理事项,例如立法框架安排、政策支持等;微观层面的具体事项由各州进行实际管理。州立环境部设国家公园管理办事处,管理办事处下设管理办公室,对国家公园年度发展计划、特许经营等具体工作进行管理,形成了"环保部—管理办事处—管理办公室"三级垂直管理体制。国家公园的运营经费纳入州财政预算,用于国家公园的设施建设和相关保护管理工作。德国形成了一方主导、多方参与的管理格局。州政府在为每一个国家公园制定专门管理机构的基础上,还设置了2个专门机构——国家公园专家咨询委员会和地方政府委员会。专家咨询委员会吸纳了生态、经济等多领域专家,对国家公园的建设提出专业建议,协调各部门与相关利益者的关系。地方政府委员会主要负责国家公园发展计划、规划的制订,特许经营等政策的制定,协调政府与国家公园管理局的关系,为双方提供交流平台。除由州政府负责国家公园管理外,德国也非常重视环境教育工作,每年都会与相关学校、非政府组织和当地协会合作,开展"国家公园学校"项目;同时,德国还与当地农户、旅游公司等建立了"国家公园合作伙伴"合作机制。在处理国家公园与周边社区的关系上,德国采取社区共管方式,听取民众意见,消除信息壁垒,减少管理失控现象。德国各州政府根据本区域实际情况对国家公园采取多样化管理,有利于高效监管,同时更加贴合本地区实际,也更易取得当地人民的支持。但州政府在决策方面易受当地经济发展的限制,难以实现国家公园"保护优先"的目的。

日本——综合管理型管理模式。作为亚洲第一个建立国家公园的国家,日本实行综合管理型管理模式。由中央环境省统一负责国家公园的管理工作。环境省内设自然保护局国家公园课进行国家公园相关法律制定和规划安排。环境省下设自然保护(环境)事务所,主要对国家公园的资金保障、规划设计、项目发展等事项进行管理。自然保护(环境)事务所下设自然保护官事务所,负责管理国家公园的基础设施建设、野生动物保护等具体事务,形成了"环境省—自然保护(环境)事务所—自然保护官事务所"三级垂直管理体制。此外,日本还引入公众参与机制,除政府外,企事业组织、民间团体、志愿者个人等也参与到国家公园的管理工作之中,其主要职责包括为游客解答疑问、协助开展基础设施维护、自然景观美化等管理工作。日本民间团体还自发形成了公益法人性质的"公园管理团体"制度,主要负责公园的日常设施修缮、数据处理、环境保护等工作。日本多元主体的管理模式能够使国家公园的各项难题得到针对性的解决,管理方式灵活多样;社会力量的参与,使得国家公园建设与社区居民的矛盾纠纷大大减少。①

---

① 　徐缘、侯丽艳:《长城国家文化公园管理体制探究》,《河北地质大学学报》2021年第4期,第127—131页。

（2）运营体制分析

建立国家公园的初衷是保护国内独特的稀有资源，因此，国家公园以保护为主，具有公益性和非营利性。

通过对各个国家的国家公园运营体系的分析，我们发现多数国家（如美国、澳大利亚、日本等）采取管理权和运营权严格分离的方式来管理运营，国家公园的相关管理部门负责管理，而国家公园的运营则以特许经营的方式外包出去。如美国在经营方面采取公私合营的机制，主要采取特许经营的模式，各公园内有各类特许经营商加盟，由国家公园管理局对特许经营者进行严格把控，并在管理运营中重视当地社区居民的参与。如澳大利亚在运营方面采取特许经营方式，但特许经营权偏向当地土著居民。英国哈德良长城为多方参与的运营机制。

在资金管理方面，因为国家公园以保护资源为主，故而国家公园的各种经济收入，如旅游收入等较少，不足以支撑公园的良好运转。因此，各国国家公园的建设资金主要来源于政府拨款，还有公园自筹和个人或集团捐赠等。

（3）规划体制分析

每个国家公园都是建立在完善的保护发展规划之上的。通过对各个国家公园保护规划的梳理可知，大多数国家公园的保护规划都采用分区规划的形式，通过对国家公园所在地进行分区，按照每个分区内资源的重要程度进行不同的保护规划和开发。例如：日本国立公园的生态规划将公园所在地分为特别区域和普通区域，不同的区域有不同的规划要求；法国将规划地划分成核心区和加盟区两大区；等等。它们进行公园规划时注重公众的参与，在各个公园的规划过程中听取公众的意见，甚至公众可以直接参与公园规划的制订。

国家公园在向民众传播生态自然等方面的知识上起到重要的作用，因此教育解说系统的规划得到各个国家的重视，各个公园都构建了完善的教育解说系统，面向各个年龄段和各种形式的解说都被囊括在教育解说系统的规划中。[1]

1.6　浙江省大运河国家文化公园建设体制的完善策略

2020 年 5 月 21 日,浙江省召开大运河国家文化公园建设工作领导小组会议,启动大运河国家文化公园建设。根据建设推进的实际情况,与江苏等先行省(直辖市)相比,浙江省大运河国家文化公园建设体制还需要在以下方面进行进一步完善。

1.6.1　统分结合完善协调机制

目前,国家、省、市三级已形成领导小组架构,但工作操作层面的市与县(市、区)之间还存在条块分割问题,县(市、区)与县(市、区)之间还存在九龙治水问题,协调机制不够完善,保护管理、传承利用、规划建设、开发运营、宣传展示等方面存在各自为政的现象,甚至有项目同质化、盲目投资的情况。因此,要在省级领导小组框架下,形成全省统一协调、沿线统一规划、地市统一筹资和区县分别实施、项目分类建设的“三统两分”体制。省、市两级领导小组及其办公室实质性运作,统筹管理职权,解决跨部门、跨区域权属障碍。建议在省级层面设立管理区,避免各地条块分割,维护好大运河的整体风貌,统筹好各地的建设项目。各地市可设立管理委员会,形成全市统筹、城区联动、分段负责的工作格局。

1.6.2　探索新型政企协同机制和资金支撑机制

大运河国家文化公园建设运营机制,建议采用政企联动的“政府主导、国资运作”机制。强化各地市区专职国企的做地主体、开发主体、经营主体的地位,资金收益封闭运行,反哺大运河国家文化公园建设。通过跨行政区

---

① 　白翠玲、武笑玺、牟丽君等:《长城国家文化公园(河北段)管理体制研究》,《河北地质大学学报》2021 年第 2 期,第 127—134 页。

域的土地运作、城市经营理念和统筹协调,实现建设资金平衡。无法平衡的地区,支持在下达的新增政府债务限额内,申请发行符合条件的大运河专项债券。创新投融资体制,用好中央预算内投资,特别是国债、地方政府专项债券、银行融资等项目,大运河日常保护管理专项资金纳入市、区两级财政预算,建好用好大运河文旅发展基金,充分利用历史文化名城保护资金、旅游发展基金、诗路文化带建设资金等相关专项资金,引导社会资本发挥作用,激发市场主体活力。

1.6.3 有机融合省市县三级规划和"多规合一"

"多规合一"的规划蓝图,是引领大运河国家文化公园高质量发展的关键。大运河是线性遗产,量大面广,保护传承利用难度大,更需要"一张蓝图绘到底"。在大运河国家文化公园总体框架下,以往省、市、县有关大运河的规划需要对照新的上位规划进行"回头看",并在此基础上编制专项规划,形成完整的规划体系。要在深入调查研究的基础上,结合国土空间规划,系统编制省、市、县三级大运河国家文化公园建设保护规划,解决各类规划的冲突问题,实现"多规合一"。借鉴"文化生态区"理念,将有形与无形遗产相结合、历史脉络与活态发展相衔接,科学划定"四大功能区"系统结构和兼容关系,形成"见人见物见生活"的文化生态和空间结构,实现"四大功能区"空间权属公共开放可游览、空间形态连续贯通可体验、空间管理边界清晰可辨识、空间边界动态维护可更新等功能。规划兼顾近、中、远期,以实现规划一步到位、建设分步推进。处理好与文化带建设的关系、与大运河诗路的关系、与沿线城乡综合发展的关系、与生产生活生态的关系,真正实现文化公园建设的综合带动作用。管控工作坚持刚性与因地制宜相结合,实施差异化管控,防止"一刀切",区分建成区、改造区、郊野段,以及码头、仓储、公园、街区等不同功能区段的管控标准,预留产业发展空间,与沿线整体发展和资金平衡相结合。

1.6.4 优化社会参与机制

首先,优化专家咨询机制。专家咨询委员会要实质性、常态化运作,设立秘书处,负责日常联络协调。建立专家咨询委员会的专家常态化参与研究和论证大运河国家文化公园建设相关规划、方案的机制。通过调查研究,提出具有前瞻性、战略性和可操作性的参考决策。各项咨询研究成果以专报形式报领导小组并抄报省、市、县三级主要领导,抄送相关部门和单位,供决策参考。打造具有不同专业背景、年龄结构合理的人才梯队,形成结构合理、优势互补的复合型研究团队,夯实咨询委员会的人才基础。

其次,完善全民参与机制。第一,调动沿岸居民的积极性。做好沿线居民家门口的"里子工程",围绕"水清、流畅、岸绿、景美、宜居、繁荣"12字标准,实施背街小巷改善、庭院改善、老旧小区改善和危旧房改善等工程,还河于民、还园于民,共建共享、惠及百姓。第二,调动社会组织和志愿者的积极性。组建、规范相关社会组织和志愿者队伍,发挥社会组织和志愿者在文化遗产保护、生态环境整治、文旅产业发展、文化宣传教育等方面的监督、促进作用。第三,调动市场主体的积极性。拓展参与渠道,让相关企业和基金会等参与大运河国家文化公园的建设开发和产业发展中,弥补政府投入的不足,发挥市场主体的经营优势。部分产业和商业领域,考虑以特许经营的方式,遴选市场主体参与,共同扩大优质产品和服务的供给。

2

大运河国家文化公园数字化建设思路

目前，数字化技术在文化遗产的传承和保护方面应用广泛，物联网、互联网、大数据、云计算等技术的快速发展，为大运河国家文化公园文化艺术资源的保护与传承提供了新的方法和途径。浙江省充分利用数字产业发展优势，整合和优化运河沿岸现有古镇古街、文物古迹、非遗等各类有形和无形资源，建立数字化保护和传承体系，发挥数字技术优势，推动大运河"数字再现"，以数字化保护支撑、引领和创新实体保护工作，拓展文化遗产利用路径，全方位、多角度、立体化展示运河之美。

2.1　数字化保护与传承

2.1.1　数字化保护与修复

在大运河国家文化公园文化保护与文物修复方面，数字化技术打破展陈时空限制，实现文物资源共享和文化的保护与传承。3D 计算机图形学、人工智能、深度学习等数字化技术,是实现文物保护和永续利用的重要手段①。并且数字化保护与修复技术为可移动文物、不可移动文物提供了三维数字化解决方案,在虚拟世界中真实还原文物与建筑空间的细节。数字化保护与修复不仅是传统保护手段的一种有益补充,而且为文化遗产的保存和开发提供了更多的可能性。

(1)不可移动文物

对于不可移动文物的修复和保护主要采用地空三维数据采集、室内空间三维数字化重建、倾斜摄影测量等计算机技术,全方位、多角度获取建筑物表面的数据信息,对运河两岸的古街、古镇、古宅等不可移动文物的外部结构和内部细节进行最大限度的记录和保护。

位于江苏省苏州市吴江区西南部的震泽古镇,是京杭大运河沿岸众多历史文化名镇之一。震泽古镇采取数字化保护策略,积极修复和保护古镇风貌、文化和文物。古镇管理部门利用三维激光点云扫描技术,无人机、卫星测绘等测绘技术,记录建筑的各项数据,同时利用数字化手段进行建筑三维模型的构建,完成古镇过去和现存的建筑的整体模型档案记录。

利用混合现实技术再现震泽八景和旧时街市热闹景象,选定前期构建的古镇八景中已消失建筑的整体模型,将它们分别引入现实的建筑原址场景,完成一个个全新场景的构建。戴上头显设备,人们就能完成一次视听与体感相融合的沉浸式体验,打破时空限制,看到、听到甚至触摸到更逼真的震泽古八景。那些消逝在历史长河里的建筑终将重新焕发生机,实现跨越古今的文化交融。

(2)可移动文物

利用三维激光扫描技术采集文物的相关信息,在软件中进行三维建模,并集合虚拟现实技术,将残破的文物恢复至完整形态,再现其侵蚀、破损等相关特征,并应用于多媒体平台的展示和检索,实现文化遗产资源的共享和传播。

---

① 徐晨曦:《用新手段、新理念把大运河保护好、传承好、利用好》,《中国战略新兴产业》2019 年第 9 期,第 50—52 页。

以器物类文物为例,器物类文物涵盖的范围最广,质地不一,种类众多,每一类器物都有其脆弱易损坏的一面。在不接触文物的情况下,"一键式"全自动快速数字化重建技术,在最大化保证文物安全的基础上,高效获取文物完整的三维模型,数字化技术可以实现微米级别的还原,不但能够得到文物的集合信息和颜色贴图,而且能计算出物体的材质属性和表面反光特性。

2.1.2 建立浙江省大运河文化云

2021年4月,《浙江省文化和旅游厅文化和旅游数字化改革方案》提出,基于全省"一张网""一朵云",全面构建"1+4+N"的数字化改革总框架。其中,"1"是指1个智慧文旅大脑,即通过跨部门、跨层级共享和汇聚各类文化和旅游数据,提高数据的挖掘、分析和利用能力,构建智慧文旅大脑;"4"是指四大数字化改革体系——数字政务服务体系、数字公共文化和旅游服务体系、数字文化和旅游产业发展体系、数字文化和旅游治理体系;"N"是指各地各部门持续推出的N个应用场景。全力推进"互联网+旅游"发展,加强在线旅游营销与推广、旅游监管服务,打响"文化浙江""诗画浙江"品牌。利用大数据、人工智能等技术加强艺术、文物、非遗等的传承保护和利用。

大运河是世界文化遗产,在浙江省政府数字化改革的支持下,建立浙江省文化云已经成为当前大运河数字文化建设的焦点内容。首先,需要构建运河文化大数据体系;其次,需要在运河文化遗产数字化的基础上完成数据化的蜕变。前者是精准的数字化提取和保存,是新时代文化保护行业的基础和依据;后者强调结构化和关联性,为文化大数据体系提供再生和再创造能力,进而促进了运河文化的传播和发展。数字化的方式给古老的运河带来新的活力和生命力,同时这种大数据体系的应用也能够拓展公共文化教育事业的传播途径,促进文化消费。

利用浙江智慧文化云、浙江省文化资源数据库等现有数据库资源,以运河研究院等单位为依托,建设浙江省大运河文化云,打造大运河文化数据智库。

结合大运河浙江段文化艺术资源,广泛搜集相关资料,具体包括学术类、文献类、环境类、遗产类、非遗类、文学类、艺术类、经济类、旅游类等,建立服务浙江省大运河文化带研究的数据云,为大运河非遗文化的保护提供重要的数字支撑。

对收集的文化数据分门别类地进行整理,针对不同类型的资源采取不同的保护措施。比如针对大运河沿岸传统的戏曲、民歌、武术、音乐以及舞蹈等,可以采用拍摄视频的方式,然后剪辑制作出精品,进行广泛传播,从而达到对民众宣传的效果,提高保护的效率。对传统的美术、绘画、乐器、书籍等,可以拍成照片,利用图像处理软件进行处理,提升图片像素,从而有利于更好地展示和宣传大运河文化。充分利用数字化技术,做好文字、图片、视频、动画等素材的整理,建立大运河文化云,防止资料丢失与破坏,便于后续的整理与开发,并且定期和社会或者政府组织进行交流与合作,为文化普及和传承提供重要的保障。与此同时,当地需要充分调动群众参与运河保护的积极性,不断挖掘运河两岸的文化内涵和文化价值,不断开发新的数字化管理模式,通过高科技手段,提取内在的文化基因,对文化基因进行深度解码,促进运河周边产业化和创新化发展。

2.1.3 数字化展示与传播

互联网的快速发展,极大地改变了文化传播的形态和方式,拓展了文化传播的广度和深度。和传统的文化展示方式相比,现在的文化展示方式如数字化虚拟技术,利用声、光、电产生的效果全方位、多视角再现文物和一些历史文化资源,使传统文化披上了高科技的外衣。数字化能有效地实现文化和科技的和谐统一,传统文化的数字化是依据传统文化的保护需要,融合数字技术,将优秀传统文化转化为可储存、管理、共享的数字形态,进一步实现传统文化的数字展示、数字开发、数字平台搭建,这是保护优秀传统文化的重要手段。同时,裸眼 3D、虚拟现实(VR)、增强现实(AR)、全息影像等数字多媒体技术的应用,打破了文物在观众眼中的"高冷"形象,给观众带来更人性化、可视化、智能化的观感体验。

一件件珍贵文物移步线上,带给人们耳目一新的体验;一个个博物馆形象 IP 开发,让历史文化融入日常生活。交互式展示手段、开放式知识探索模式的广泛运用,让观众在生动的数字展品中开始富有启发性、体验性的

"漫游"之旅,让博物馆真正实现了"无处不在"。通过线上看展亲近文物,感受中华文化和人类文明精粹,正在成为一种时髦而富有追求的文化生活方式。

在大运河数字化建设中的文化传播方面,对非遗旅游的资源化开发、提高非遗知名度、做好非遗推广宣传是重要的环节。宣传推广的渠道多样:在中央电视台、新华社等媒体上对"运河国家公园"项目进行宣传;除了依托传统的电视、报纸媒体外,历史遗址、非遗中心、运河博物馆等服务主体还可以通过云计算、互联网将资源提供给线上的平台,例如门户网站、微信公众号、手机客户端、数字博物馆、数字文化馆、社会合作媒体等,多渠道向群众推送关于大运河的相关知识,通过数字平台让更多人了解,再通过掌握到的舆情舆评服务主体,在进一步宣传的同时,不断改进。

2.2 数字化传播方式

2.2.1 线上文化传播——"云端"大运河

通过数字化手段将线下的文化遗产复刻到线上,并实现主流展示端口(PC端、移动端、VR端)无插件浏览。社交网络能够有效地让你摆脱时空桎梏,实现快捷的分享和传播。构建集文字、语音、图片、在线虚拟漫游于一体的线上空间,利用文化云资源结合VR技术,创建虚拟漫游场景,通过点击屏幕上的某个地点(建筑),即可360°全景欣赏细节或全貌。

2.2.2 线下交互与传播

数字化时代的到来,使AR、VR等科技手段在博物馆、展览馆等场所中的应用日益广泛,尤其是在展前宣传、展览讲解、互动体验及文创产品开发等方面具有更灵活多样的方式,增加了文化传播中的趣味性和互动性。数字技术重新定义了文化科普、文化传播的认知交互形式。如AR技术可应用到线下的游客体验和游客相互传播过程中,游客只需拿起移动端可摄像的设备对着陈列的文物,设备中就会清晰浮现雕刻在文物上的符号、图腾的细节,耳边还有专属语音讲解,生动独特的体验方式让游客对几千年前的文物有了更直观生动的认识。如数字化文化展示大屏,支持多人同时与数字展品进行互动,可同步调取图像、视频、声音等多媒体格式,让历史"活"起来,向游客讲述大运河千年历史。

2.3　数字化文旅融合

自 2018 年文化和旅游部组建以来,文化和旅游产业融合发展问题便成为社会各界关注的热点,也成为国家层面高度重视的问题。基于新形势与新问题,国务院办公厅印发的《关于进一步激发文化和旅游消费潜力的意见》提出了"促进文化、旅游与现代技术相互融合""建设 30 个国家文化产业和旅游产业融合发展示范区"等措施。

截至 2019 年底,大运河浙江段共拥有 4A 级以上旅游景区 58 家。其中乌镇、南浔古镇为 5A 级旅游景区,省级全域旅游示范县 5 个,省级以上旅游度假区 16 家,省级旅游风情小镇 8 家,沿线宁波、绍兴、杭州、嘉兴、湖州 5 市全年累计接待游客超 2 亿人次。2020 年 4 月,《浙江省大运河文化保护传承利用实施规划》发布,嘉兴市、杭州市、湖州市的文化广电旅游局与杭州运河文旅集团签订战略合作协议,共同推动大运河唐诗之路建设,以京杭大运河和古镇集群为纽带,串联水上古镇节点旅游线,培育大运河"走运之旅",共同打响杭嘉湖一体化大运河文旅品牌。

以"强通用性、强交互性、高集智性和高增值性"为特征的数字时代的到来,不仅激活了文旅产品资源,也为文旅产业发展注入了新的活力。文旅产业数字化是利用数字技术对文旅产业进行全方位、多角度、全链条改造的过程,旨在打破文化和旅游产业的边界,实现文旅产业深度融合发展,对推动文旅产业数字化发展具有重要意义。

2.3.1 编制大运河数字文旅发展规划

应抓住5G、超高清视频、人工智能、物联网、区块链等新一代信息技术的发展机遇,编制大运河国家文化公园浙江段数字文旅发展规划等专项规划,明确数字文旅的发展方向、指导原则和投资重点。从政策、产业、传播、消费等多个层面入手,厘清创新思路,拟定可行计划,统筹发展全局,助推新一代数字技术与文旅产业深度融合,鼓励、引导在大运河国家文化公园范围内发展数字博物馆、数字景区、虚拟现实体验馆等数字文旅新业态,打造5G智慧应用、线上线下融合体验等智慧新场景,打造大运河国家文化公园数字文旅标杆。

2.3.2 推动大运河国家文化公园文旅数字化转型

近年来,数字技术在文旅产业的应用推广,推动了在线旅游和数字文创产业的发展,尤其是疫情期间,诸多原本发生在线下的文旅活动被搬到线上,云娱乐、云直播、云看展等新业态不断涌现,在线服务消费得到快速发展,这也凸显了文旅产业向数字化转型的重要性。一是抓住大数据、5G等新技术的发展机遇,推进文旅产业供给侧结构性改革,培育文旅新业态,通过新业态不断满足新需求,不断释放新兴消费潜力;二是加快文旅产业的数字化基础设施建设,促进文旅产业数字化、网络化、智能化发展,提升数字技术对文旅产业的融合度与渗透力;三是引导文旅企业加大对数字技术的研发力度,提升企业自主创新能力,扩大优质文旅产品供给,推动形成贯穿全生命周期、全产业链的文旅产业新模式,为文旅产业融合注入新的动力。

2.3.3 完善产业发展的政策体系

作为未来文旅融合发展的新生态,数字文旅产业的发展离不开多层面的政策协同与配套,也需要形成推动数字化文旅产业发展的长效机制。一是推动形成数据要素市场,进一步完善数据平台建设,不断释放数字技术对经济发展的放大、叠加作用;二是加快建立适应数字文旅产业发展的法律法规、管理规范、行政条例、考核体系和产业统计体系等,为数字文旅产业发展创造良好环境;三是出台相关举措,对数字文旅企业在用地、用能、创新等方面给予重点支持;四是研究制定并推动有关部门出台促进数字文旅产业发展的指导意见,明确数字文旅产业发展的方向、原则、任务、方式、保障,建立文旅产业发展的长效机制;五是加大财税政策对数字文旅产业的支持力度,可以考虑设立数字文旅产业专项资金,同时也要引导金融机构加大对数字文旅产业发展示范项目、重点项目的信贷投放,增强数字文旅企业的发展信心和后劲。

2.3.4 培养文旅数字化人才

长期以来,无论是旅游产业还是文化产业,都是以培养专业化人才为主,而对数字化转型过程中的复合型人才培养重视不够。事实上,在文化和旅游产业深度融合发展的过程中,不仅需要掌握文化知识和旅游专业知识的人才,而且需要掌握数字化知识的复合型人才。因此,加快培养数字化人才、积累支撑数字文旅产业发展的人力资本,至关重要。一是选择一批高校试点,在其人才培养中加入讲授数字化与数字技术应用的相关课程;二是出台相关政策吸引数字化人才投身于文旅产业,并为其发展提供空间和平台;三是发挥行业协会、培训机构、咨询公司等第三方组织在文旅产业数字化人才培养中的作用,提升从业者的数字化素养;四是推动职业院校与文旅企业共建实训基地,提升其数字化技能实训能力,为未来文旅产业发展培养更多数字化人才。

2.4 大运河国家文化公园浙江段数字化建设内容

2.4.1 数字基础设施

(1)5G 网络与云数据中心

加强大运河国家文化公园范围内的数字基础设施建设,满足大运河国家文化公园非遗保护、文化旅游等日常运营管理中对硬件和软件的需求。

持续完善服务器、网络终端、传感器以及摄像头视频采集终端、地感线圈或微波交通流量监测等硬件设施建设。加强与移动、电信、联通等网络通信运营商的深度合作,重点建设宽带、泛在、融合、安全的网络环境,大力扩容互联网出口带宽。建设多制式、全覆盖、高速化的无线通信网络,消除手机信号盲区,在交通干线和主要景点实现移动5G网络深度覆盖。

5G被称为革命性的通信技术,具有传输速度快、稳定性强、高频传输等特点,为大运河国家文化公园数字化提供了网络基础。依靠海量物联网连接,5G网络能将手机、汽车、公共设施等所有的智能设备同时接入,并在不需要网关、路由的情况下使其协同工作。在游客主要聚集区和等待区加强和扩大无线宽带Wi-Fi网络和5G网络覆盖。构建多层次、全覆盖、宽带、泛在、智能、安全、融合的信息高速公路,为面向智能手机和其他手持终端的自助服务提供无线网络保障。

基于大运河国家文化公园数字化建设成果,构建安全可靠、高效实用的大运河国家文化公园云数据中心。大运河国家文化公园云数据中心作为大运河国家文化公园数字化应用的重要基础和支撑,是浙江省创建大运河国家文化公园示范窗口的重要内容和成功的保障。

云数据中心的建设,应加强与百度、移动、联通、电信、阿里巴巴、华数、去哪儿、携程、微游等运营商之间的合作;进一步利用浙江省和大运河沿线各市区县的数据基础,从业务需求和实际应用出发,制定统一的数据采集标准;建立"政府主导、部门配合、企业参与、全民生产"的数据信息采集长效机制,进行数据采集、编目、分级,实现数据自动分类归档、授权应用、有机动态更新;打破信息孤岛,建立数据共享机制,解决数据交换和共享问题;拥抱开放,鼓励第三方企业和个人基于大运河国家文化公园云数据中心开发各种应用,并实现更大程度和范围的数据共享、业务功能的互联互通;利用数据挖掘、数据分析技术,构建科学化、智能化、人性化的数据分析系统,发挥数据综合服务和应用效能,提升大运河国家文化公园资源保护、公众服务、旅游经营和行业监管的整体水平。

根据大运河国家文化公园浙江示范窗口的建设需求,委托专业机构对云数据中心的系统架构、硬件、软件和网络环境进行统一规划部署。基于大运河国家文化公园的特点和技术基础,云数据中心建设根据项目进度分步骤实施,在考虑系统扩展性(尤其是技术变迁因素,如 VR、AR 技术和Google 眼镜、iWatch 等多种可穿戴智能设备的发展)的前提下,对硬件、软件和网络环境按阶段规划投入。

(2)环境监测设施

在大运河国家文化公园的信息存储管理和保护方面,通过数据观测采集体系,监测大运河水质、河道水位高度以及水体微生物群,对大运河的环境质量进行分析。数字基础设施的建设有利于大运河相关信息的完整记录与跟踪,应用数字基础设施有利于更好地传承、保护、利用大运河。利用地理信息系统(GIS)、遥感(RS)、全球定位系统(GPS)、虚拟现实系统(VR)等技术研发京杭大运河保护地理信息系统、京杭大运河保护规划辅助支持系统和京杭大运河虚拟现实系统,为京杭大运河历史文化遗产保护的规划、管理奠定基础。摸清了京杭大运河的家底,可实现对京杭大运河的全线监控和管理,将人为破坏降到最低限度。

(3)数字化场馆建设

随着互联网和移动互联网的加速发展,很多博物馆已在做线上讲座和展览。而这次新冠疫情给线上博物馆建设提供了更多的机遇,加快了云展览和云课堂的推进过程。全球有成千上万家博物馆因为疫情闭馆,其中不少博物馆为了继续履行自身职能,纷纷在网上推出了各种展览、讲座等活动,云上博物馆和博物馆直播成为公众与博物馆交流的方式之一,文博场馆的数字化建设越来越受到关注。

在技术创新和模式创新双轮驱动下,文博行业需向数字化转型,实现文博行业"业务数据化、数据资产化、资产服务化和服务业务化"的转型,不断演变提升,突破实体文博与数字文博之间的界限,以文博业务需求为核心,实现全面、深入和泛在的互联互通,消除信息孤岛,形成系统化的线上线下协同工作方式,从而推动智慧文博场馆的深入发展。

对大运河浙江段沿岸现有博物馆、展览馆等各类文化场馆进行数字化提升,主要是借助全息、AR、3D 触控交互等技术,集合虚拟浏览、古迹复原、多媒体互动等多种互动体验方式打造特色鲜明、智慧互通的大运河国家文化公园数字化场馆群。

沉浸式虚拟游览：一对一高清实景360°虚拟游览，利用全景技术、VR技术，通过智能化科技，让游客在官网/移动客户端进入沉浸式虚拟实景空间，通过不同视角未游先观，体验一场特殊的"科学探索之旅"。

预约制自助入馆：通过数字化技术提高预约服务能力，利用小程序、闸机等智能软硬件实现"无接触检票""快速入馆"，引导游客预约入馆，优化游馆体验，保障游客安全畅游。

多媒体语音讲解：搭建语音讲解服务平台，让游客拥有"贴身讲解员"。游客入场参观，通过手机扫描展项上的二维码，即可享受到优质的展项在线语音/视频讲解服务。

3D全息技术：传统的展示方式无法让观众观察文物的每一处细节。3D全息技术逼真还原文物，将文物全方位、多角度地展示给观众。展示框中展示多个物体，观众用手指触控展示的虚拟文物，即可全方位、无死角地观看。同时对每一件文物配有相关的音频解说，支持手势切换多个文物进行展示，支持手势自主旋转缩放文物。

数字遗址再现运河繁华：结合京杭大运河的发展历史和各地特色，采集遗址数据，建设5处沉浸式体验区，再现运河沟通南北、漕运繁忙、商贾络绎不绝的繁盛场景；根据建设目标，对现有数据进行创作、场景开发、内容处理、影音字幕编辑，同时设计、开发、搭建带入式展示系统；对采集后的全景数据素材进行开发创作、内容设计，进行程序内容的制作；完成每处遗址的讲解词录制、中英文配音、字幕编辑、字幕合成等工作。

【案例链接】

荷兰国立民族学博物馆

荷兰国立民族学博物馆创建了一个基于计算机网络的"亚欧博物馆"（ASEMUS）平台，以促进收藏信息共享。另外，借助"全球体验"，该馆与欧洲的少数文化群体建立了联系，并且把展览与艺术、文学、喜剧和音乐活动融为一体。

旧金山博物馆兵马俑展

中国兵马俑推出了"AMM：Terracotta Warriors"应用,这款应用通过使用 AR 技术帮助博物馆传播兵马俑的相关背景知识,达到教育的目的。策展人还可以利用 AR 技术把展览地点置于特定的虚拟领域,例如某次洛杉矶艺术博物馆的展览,让五颜六色的数字漏斗和演讲视频充斥博物馆的庭院和走廊,观众可以通过智能手机看到这些在现实世界中不存在的景象。博物馆的展示手法与时俱进,从最传统的静态陈列物件、面板图片、影片播放到强调动手操作、观众参与,采用数字多媒体、人机互动形式等。这种演进也显示出现代意义上的博物馆越来越重视观众的认同。AR 技术使用户可以同时在虚拟和现实的层面进行互动,博物馆的巨大信息并不被全然舍弃,而是被恰如其分地利用和引导。

2.4.2 数字运河云平台

【案例链接】

大运河国家文化公园江苏段

2019 年 12 月,大运河国家文化公园数字云平台建设被列入中办、国办的《长城、大运河、长征国家文化公园建设方案》。江苏省委省政府对其高度重视,江苏省委十三届七次、八次全会上均强调,深入推进大运河国家文化公园数字云平台等重大标志性项目的建设,构建集管理监测、文化研究、展示传播、学习教育、休闲娱乐等于一体的服务平台。江苏省大运河文化带建设工作领导小组将云平台项目列入《江苏省大运河国家文化公园建设保护实施方案(2020—2021 年)》。

2020 年 6 月 8 日,江苏省大运河文化带建设工作领导小组办公室在大运河国家文化公园数字云平台建设专题会议上明确了江苏省文化投资管理集团有限公司(简称"江苏文投")作为项目实施主体,推进项目建设运营。

2021 年,江苏文投与腾讯文旅基于大数据、区块链、知识图谱、人工智能、多媒体、GIS 等现代信息技术,通过"科技＋文化"的形式构建多个数字文化领域的国内创新平台和应用。建成后,登录大运河国家文化公园数字云平台可以享受到文化运河、云赏运河、知识运河等丰富的数字文化体验。同时游客可以在数字游览中全方位感受大运河的文化之美。除此之外,双方还启动 IP＋运河之旅,举办一系列运河非遗文化周年庆典、动漫跨界活动等创意活动。

江苏省大运河国家文化公园数字云平台拟建设大运河文旅对客服务端、大运河数字博物馆群、大运河文化 IP 集研发和交易、大运河线上文化艺术展陈、大运河非遗数字化展示和利用、大运河研学、大运河美食、大运河文化短视频聚合展示、大运河文旅企业的数智化赋能、大运河线下服务体系的标准化管理等 10 个方面的应用体系。

①大运河文旅对客服务端应用体系

利用大数据、人工智能等现代信息技术,创新大运河文旅对客服务模式。将客户行为空间化,并充分利用智能交互方式为游客提供更智能、更便捷、有运河特色的"吃、住、行、游、购、娱"旅游服务;同时可通过运河大脑"阅读"客户评论,优化对客服务功能,提升对客服务体验。

②大运河数字博物馆群应用体系

基于大数据、人工智能等现代信息技术将大运河沿线博物馆数字化,并将其背后的历史故事,蕴含的中华民族优秀文化与现代人的情感需求、消费需求进行关联,建立云平台与用户之间的纽带关系,提升数字博物馆的价值,吸引更多的博物馆进行数字化改革并加入云平台,形成大运河数字博物馆群,为公众提供丰富生动的线上浏览体验,有效传播中华文化。

③大运河文化IP集研发和交易应用体系

深入挖掘大运河历史文化资源,利用大数据、人工智能等现代信息技术将大运河文化资源与旅游产业进行连接,打造大运河IP集,实现相关产业跨界融合发展,搭建IP集展示与销售平台,培育形成IP创意产业链和产业集群,传播运河文化的同时,为运河沿线的经济发展构建新的增长点。

④大运河线上文化艺术展陈应用体系

将大运河线下文化艺术展陈数字化,为各类用户提供大运河线上文化艺术展入驻渠道,通过线上展览作品的主题性展示,充分利用3D和VR等技术,结合"作品讲解"和"作品花絮"等观展模式,让观众沉浸到作品中,突破传统线下展示的局限,真正实现作品与观众的沟通互动。

⑤大运河非遗数字化展示和利用应用体系

结合大数据、人工智能等现代信息技术,挖掘大运河沿线非遗背后的历史和文化,实现运河非遗数字化,让非遗元素成为跨界新潮流,焕发出新活力,带给观众新的感官享受。同时产出非遗与文创相结合的商品,基于云平台进行生动展现与传播,培育非遗文创市场,让更多人了解运河非遗,传播运河非遗文化。

⑥大运河研学应用体系

基于大数据、人工智能等现代信息技术,将大运河丰富多彩的历史和文化与青少年群体所学知识进行串联,通过对相关实例的形象展示和说明,激发青少年群体对大运河文化的浓厚兴趣,进而开发大运河研学旅行产品,并运营和推广线下研学活动。

⑦大运河美食应用体系

挖掘大运河沿线美食背后的历史和文化故事,抽取其共性与特性,打造运河沿线美食集合品牌,并通过云平台对其进行认证和质量管理,实现运河美食宣传和服务管理能力的提升。

⑧大运河文化短视频聚合展示应用体系

建设大运河文化短视频汇聚平台,通过收纳大运河沿线精致宣传片和运河精彩视频,结合人工智能等技术,挖掘游客喜爱的视频,并向游客智能推荐,让更多游客了解、关注、宣传大运河景区和文化。

⑨大运河文旅企业的数智化赋能应用体系

利用云平台帮助文旅产品供应商、文旅产品经销商、景区、文化场馆及酒店等文旅企业做好数智化建设和管理,健全文旅企业的推广和营销体系,提升文旅企业产品质量和服务水平,提高企业的专业管理水平和综合运营能力。

⑩大运河线下服务体系的标准化管理应用体系

明确建设大运河线下服务体系标准化管理制度的内容,利用云平台资源开发相应的线上服务功能,提升线上、线下融合的大运河公共服务管理和监督能力。

作为国家级工程,大运河国家文化公园数字云平台建设,不仅是全面推进"文化＋科技""文旅＋科技"等新型发展模式的实践,同时也将深化数字应用产业合作。因此,浙江省应充分发挥数字经济产业优势,加快推进大运河国家文化公园数字云平台建设。在现有设施和旅游资源的基础上,依托"中华文化基因库"建设对文化文物资源进行数字化呈现,对历史名人、诗词歌赋、典籍文献等关联信息进行实时展示,搭建大运河浙江段 VR、AR 体验平台,建设大运河国家文化公园网站和数字云平台,打造永不落幕的网上空间。

(1)大运河文化数字化保护体系

大运河文化数字化保护体系是综合利用测绘技术、遥感技术、计算机技术、3D 技术、VR 技术,以及物理和化学等技术手段获取运河文化遗产的现状数据,利用信息技术进行数字化记录、监测、修复、重建和再创,实现数字存档和再利用,最终实现其空间形态和文化遗产永续传承的一种体系。①

---

① 姚远、褚力:《非物质文化遗产数字化保护中的问题及对策——以寿州窑为例》,《安徽理工大学学报》(社会科学版)2018 年第 6 期,第 7—14 页。

第一,构建运河文化遗产多重资源网络平台。建立国家级的运河文化遗产数字资源库体系。由国家统一规划,通过政府牵头和社会参与,在国家层面建立起较为完备的运河物质文化遗产与非物质文化遗产数字化信息相结合的综合数据源,把碎片化的信息聚合在一起,实现数字化、可视化建模,进行立体重构和生动再现,既方便查询,又促进文化传播。

第二,建立完备的信息数据库。针对大运河文博场馆建设数字化综合信息管理系统,集藏品征集、修复、编目、编研等工作职能于一体,可以同时做到对图片、视频、音频、文档、3D模型等多类别的资源分类,多维资源集中一站式管理,实现无损访问;既能提升文博展馆的业务效率,又能实现对大运河非遗的数字化保护。

第三,建设大运河虚拟现实系统。实现运河全境的虚拟现实仿真,从而有效解决大运河文化遗产整体展示问题。建立基于空间信息技术的数字大运河网站,通过将大运河虚拟现实环境放置于资源库,实现真三维和多时相的大运河及其环境的漫游、查询分析、复原,提供京杭大运河虚拟展示平台。例如,建立 3D 馆藏信息系统,将运河非遗文化以及古文物等上架,既打破展陈时空限制,实现资源的共享,又完整地进行数字记录,永久保存文物的信息数据。

首先,大运河文化数字化保护体系相对于传统的文化遗产保护,更能起到扩大和辐射作用。数字技术传播速度快,使运河文化可以在最短的时间内传遍世界,还可以将运河文化遗产传播的内容从表面化、模式化、边缘化向深度推广。① 其次,它有利于增强运河数字文化遗产保护的大众性。数字信息的网络传播及现代软件技术的应用有利于更多的人了解、认识和探索运河文化遗产,激发和培养他们参与运河文化遗产保护的自觉意识和行动力。最后,它还加强了运河文化遗产的环保性。通过数字技术修复和还原运河文化遗产,促进了资源的可持续循环利用。

---

① 聂磊:《山西古建筑数字化保护体系构建研究》,《吉林广播电视大学学报》2019 年第 10 期,第 38—39 页。

（2）智慧运河文旅公共服务平台

智慧运河文旅公共服务平台主要是一种为满足游客、政府和旅游相关的企业对运河旅游资源的巨大需求，在运河云平台上用智慧化的手段对运河旅游公共服务进行运营和管理，打造全面感知和互联、充分整合和共享的特点，为游客提供个性化、便携化、自助一站式的运河旅游公共服务的平台。平台主要包括信息服务系统、电子商务系统、个性化推荐系统、智慧政务系统。

第一，信息服务系统，主要为来运河游玩的游客提供旅行基本要素的查询，并向游客推荐线路，进行智能化旅行规划。

第二，电子商务系统，主要包含运河景区的门票预订、旅游产品预订和住宿预订三大模块，并且可以支持支付宝、微信等便捷式移动支付功能。

第三，个性化推荐系统，为游客提供了需求发布平台，游客可以将个性化需求发布到平台上，平台会把需求呈现给文旅企业，提供在线交互功能。

第四，智慧政务系统，为游客提供新闻发布、信息公开、在线咨询、办事、投诉等功能，为政府、游客、文旅企业的交流提供了便捷渠道。

建设智慧运河文旅公共服务平台能够推动运河旅游产业的结构调整，降低区域旅游信息化建设的总成本，同时增强游客的运河旅游服务体验感，促进运河旅游业更快更好发展。

（3）大运河动态监控与管理平台

大运河动态监控与管理平台，是一种采用先进的信息技术手段将运河周边的非遗、景区、博物馆、街道等的地理、资源、环境、基础设施、游客流量等信息进行数字化，借助互联网、物联网、大屏、监控摄像、红外探测、安全风险模拟等技术和设备构建而成的动态监控与管理平台。平台主要包括业务管理系统、数据管理系统、服务发布系统。[①]

第一，业务管理系统，主要是对运河文化遗产所在地的商务体系、日常办公体系、行政管理体系、安全监控体系、生态监控及保护体系、数据统计及

---

① 孙甄：《天然橡胶生产动态监控管理平台建设》，《信息与电脑》（理论版）2015 年第 24 期，第 3—4 页。

分析体系进行整合,将运河物质文化遗产的各类资料进行数字化展示。

第二,数据管理系统,包括地理空间数据管理子系统、动态监测获取子系统和数据加工处理子系统。地理空间数据管理子系统能够在空间数据管理基础平台上,形成基础地理信息数据、网格化业务数据、影像数据、三维专题数据等。动态监测获取子系统可以进行实时的动态监测、跟踪获取,实现对运河基础设施的状态监测、监控管理。数据加工处理子系统主要包括航天遥感影像数据加工处理、无人机等航测数据加工处理、地面数据加工处理、专题数据加工处理、坐标转换和格式转换等功能。通过数据加工处理子系统,对各类数据进行规范化处理,以便快速存储入库,并为不同业务需求提供数据支撑。

第三,服务发布系统,采用三维地图和信息数据网站多种形式发布,方便全球化产业用户信息共享。通过在线发布子系统建设内部网站和外部网站,基于数据系统,依托地理空间信息数据仓库,提供数据资源和相关业务信息资源的检索、调用、提取、分发等服务。云服务子系统通过建设云端和客户端,主动向加入云系统的客户推送信息,提供用户与各级控制中心的交互平台。

对运河遗产周边进行全方位数字化、管理智能化、监控全面化,是实现运河文化遗产检测、保护、推广和普及的完整有效的措施和手段,并能够提升保护、管理、利用、研究的水平,在日常监测中,与保护管理工作形成闭环管理。

(4)大运河文化展示与传播平台

大运河文化展示与传播平台主要是基于数字媒介统一平台建立的,将多种媒介形式的运河非遗整合在一起,借助多媒体集成、数字摄影、VR等技术,在不动用运河文化遗产的前提下,通过四通八达的网络环境,使运河文化遗产的展示、传播、利用与共享极为便利和充分。运河文化展示与传播平台打破了特定时间、场所的限制,最大限度地实现了文化资源的利用和共享。其主要通过电子书、数字化影音、网站等形式进行运河文化遗产的展示与交流。①

第一,电子书是指将文字、图片、声音、影像等资讯内容数字化。观众可以从网上搜索下载感兴趣的运河文化文章、图片、视频等数字文件,借助智能手机这类手持阅读器终端通过翻页系统体验多媒体的阅读功能。

第二,利用数字化影音方式,拍摄并推出一些高质量、高品位的运河宣传片,借助各类新媒体,如 App、小程序、网络直播等进行推广,以数字媒体艺术叙事的方式对运河文化遗产进行挖掘、阐释和传播创新。数字媒体技术的发展为运河文化遗产展陈提供了丰富的形式,提升了文化遗产传播效果和体验品质。

第三,网站是一种互动性强的工具,利用网站可提供大量的运河文化信息。观众通过网页浏览器来访问运河文化展览等网站,获取自己需要的资讯。

大运河文化展示和传播平台借助网络打破了时间和空间的限制,使海量存储的运河文化资源得到最大限度的展示利用和共享,能够方便高效地满足广大用户的需求,成为现代技术条件下适合大众传播的一种新的应用平台。

(5)大运河企业数字化转型应用体系

大运河企业数字化转型应用体系,是利用大运河平台帮助文旅产品的供应商、与运河有关的文化场馆和景区以及酒店民宿等企业进行数智化培训和管理的应用体系。其主要包括:文旅企业的数智化建设和管理,文旅企业推广营销体系的建立,文旅企业产品质量和服务水平的提升,文旅企业的管理水平和综合运营能力的提高。②

第一,文旅企业的数智化建设和管理。充分运用大数据、物联网、人工智能等新兴数字技术,对风险定价、风险管理、客户服务及资金运用等核心价值链进行数字化重塑。比如:通过大数据技术对海量数据进行分析,实现

---

① 彭劲、定光平、何岳球等:《鄂南文化展览馆数字化艺术传播的展示研究》,《湖北科技学院学报》2013 年第 2 期,第 104—105 页。

② 姚婷:《新发展理念引领下我国西南地区文旅产业数字化转型路径研究》,《文化产业》2021 年第 9 期,第 164—166 页。

文旅产品的精准定价、精准营销和风险控制；借助物联网技术，帮助进行风险管控；利用人工智能，打造智能顾问和客服；等等。

第二，文旅企业推广营销体系的建立。在"互联网＋大数据"时代，文旅企业可利用技术分析海量数据，通过分析挖掘，洞察客户需求，将以前的"人海战术"逐步转变为现在的精准营销，降低成本，提高效率。[①] 并且可以通过短视频、直播、虚拟技术等多种线上形式将文旅产品呈现给公众，运用现代设计理念和方式展开精准营销，打造"网红爆款"。

第三，文旅企业产品质量和服务水平的提升。文旅企业要提供简单快捷与个性化的服务。公司可通过网页、App、微信公众号等平台，用自助式、清晰的数字页面，与游客建立最直接的交互，将各种服务升级为"一站式"，让客户体验智能的全方位服务。

第四，文旅企业的管理水平和综合运营能力的提高。做到基础设施数字化，企业基础设施全面上云，以应对各种节假日对 IT 系统的压力；实现管理机制信息化，健全文旅企业的人事管理机制等。

在大运河云平台的帮助下，能够更好地推动运河周边文旅企业的数字化转型升级，提高企业的数字化管理运营水平。

（6）大运河电子商务营销体系

大运河电子商务营销体系是在大运河云平台下充分利用现代信息技术、电子工具及互联网，以游客需求为导向，通过对营销组合的应用，满足游客游览运河的个性化需要的体系。大运河电子商务营销体系的建设主要包含以下举措：

第一，建设网上电子商务系统。游客可以在网上电子商务系统中实现旅游产品的在线预订、在线支付。建设与旅游咨询及投诉联动的服务体系，创新电子商务服务模式，形成旅游诚信评价体系，同时整合景区、旅行社、酒店等旅游企业的电子商务平台，与淘宝网、去哪儿、微信、微游网等各类社会资源合作，构建一个体系完善、功能强大、诚信度高的综合性旅游在线交易

---

① 谷方杰、张文锋：《基于价值链视角下企业数字化转型策略探究——以西贝餐饮集团为例》，《中国软科学》2020 年第 11 期，第 134—142 页。

平台。

第二,利用新媒体进行推广。通过建立官方微博、创建微信公众号、拍摄短视频、网红直播等方式与浏览者和访客进行实时互动交流,吸引游客前来参观和宣传。

第三,通过跟踪热点,开展一些线上线下的营销活动。线上采用数字云展的方式,游客可借助手机、电脑等智能设备,通过直播、VR 等丰富的形式足不出户在网上云参观大运河,感受大运河跨越千年的历史文化。线下可借助节庆日时机举办一些特色活动和打造一些数字化场景,可采用 4G/5G、人工智能(AI)、物联网(IOT)及 3D、AR、VR、XR、大数据等前沿技术,设计一些沉浸式互动场景。

第四,通过大规模的广告投放进行宣传。比如:在 App 内置开屏广告宣传,与一些 IP 或者游戏联动;设计一些与运河相关的文创产品,打造一些易于记忆的口号;选择国内主流视频网站进行广告投放,如爱奇艺、腾讯视频、优酷视频等。

通过以上方式建立大运河电子商务营销体系,能够更好地利用数字化的方式对大运河的文化历史进行传播,更好地吸引游客,带动运河周边旅游业的发展。

2.5 数字运用与业态创新

由于受制于历史条件和文化区域化的影响,非遗文化的开发传承非常复杂,其面临的压力也颇大。非遗文化要进行合理有序开发,不仅要秉承尊重历史文化的理念进行静态记录,而且要基于时代发展的需要,考虑传统文化与现代人们的审美角度之间的差异,在继承文化精髓的基础上动态展示其文化特点。因此,当前要抓住国家实施新基建战略的契机,着力推动非遗文化资源的"二次发育",注重非遗文化资源的数字化和智能化改造,更为动态有效地展示非遗文化,实现非遗文化产品或服务的提质增效,减少低端无效的产品供给,从而满足新时代多样化及个性化的大众需求。

良好的文化产业创新业态有助于形成稳定的产业生产消费环境,提升行业整体竞争力,促进文化产业的高质量稳定发展。传统文化内容的产品形式往往忽视现代受众群体的需求,缺乏吸引力,文化产品也难以实现其应有的经济价值。因此,传承和发展非遗文化产业,应摒弃墨守成规的思维,创新非遗文化业态,驱动传统文化产业转型升级,依托大数据、互联网及云计算等新型技术,提升非遗文化产品的品质和创作水准,乃至形成强有力的富有特色的文化IP,创新产品销售方式和运营机制,为非遗文化发展注入新动能。①

大运河的数字运用和业态创新需要整合大运河沿线吃、住、行、游、购、娱等旅游要素,完善大运河文旅网络信息服务,创新旅游营销模式和体验模式,增强运河文化的表现力、传播力。

2.5.1 数字化研学活动＋大运河

研学旅游是继观光旅游、休闲旅游后的一种全新的文化旅游方式,将非遗与研学体验结合起来,是一种亲身感知非遗文化的旅行。首先,立足运河文化遗存,打造杭州大运河周边的研学精品课程,以杭州运河沿线典型非遗为抓手,开展运河非遗文化主题研学产品设计,对于能够彰显运河文化且符合青少年学生认知的健身、健手、健脑、健心项目进行筛选,从而打造属于博物馆独有的研学精品课程。在课程中,运用VR技术营造大运河开凿等工程的真实感,让学生如同置身于大运河中;运用AR技术增强文物的现实感,让学生感觉到文物栩栩如生、触手可及;运用MR技术打造混合现实的大运河场景,强化教育功能;还可以建立线上远程博物馆,开发周边相关产品,增加博物馆研学旅行产品的娱乐功能。其次,可以打造研学多维实践模式,大运河作为历史文化遗迹,凝结着中华民族的智慧,其博物馆研学旅行遗产系统性强、文化符号单一,可以培养学生的文化自觉。在开放的教育理念下,开发以动手操作和探究为导向的"数字化研学＋大运河"的实践体验

---

① 郭希彦、方忠:《业态创新推进非遗文化高质量发展》,《中国社会科学报》2021年5月20日,第A07版。

模式,是运河数字化建设进程中的一项业态创新。

数字化研学活动不仅能传播大运河相关文化知识,更能通过精品研学课程的方式,让更多的人参与进来一起学习,并且能够让学生从小就体会到大运河文化的深刻与魅力。

2.5.2 数字文创+大运河

数字文创是数字技术、互联网与文化结合的产物,对它的评估也可以从数字和文创 2 个方面入手。数字文创依托大运河资源,通过创意性和应用性设计,开发出具备文化性、知识性和实用性的文创商品,还包括国产原创动画作品、游戏 IP 等。数字平台从非遗旅游产品出发,推出一些创意产品,增加非遗旅游附加值,在创新非遗旅游产品方面也发挥了一定作用。例如,文化和旅游局可以利用官方网站,向广大网友征集非遗旅游产品创意,一方面能够增加官方和民间的互动,另一方面也能够创造出符合游客需求的非遗旅游产品。一些直播和短视频平台可以采用分享文创产品蕴含的文化知识、历史故事,以及邀请设计师剖析设计理念等兼顾文化和带货的销售模式,进一步增进文化普惠效果。

"数字文创+大运河"的业态创新模式借助数字技术,也可有效推动文化走出去,提升非遗文化形象,进而增强中华优秀传统文化的全球影响力。

2.5.3 数字化演艺+大运河

如果说传统技艺类的非遗项目多以展示和产品开发为旅游经济增长点,那么大大小小的山水实景演出、文旅演艺和歌舞类表演等无疑是对舞蹈、音乐、服饰、节庆、习俗等非遗文化的再开发。用先进的声、光、电等科技手段和舞台机械,以出其不意的呈现方式演绎京杭大运河的历史——从开凿到繁荣,还有大运河文化、大运河的生活片段等,带给观众视觉冲击和心灵震撼,更直观地向游客传播非遗文化的历史,让游客更能体会到大运河非遗厚重的历史内涵。通过多媒体舞美创意、设计、制作,实施一站式服务,利用三维制作、特效包装等技术手段打造舞台背景视频,并通过纱幕投影、LED 影像等形式,实现真人演员与虚拟影像互动表演。例如宋城千古情,借助数字化的手段,将杭州的文化通过演艺的方式向观众进行传达。

"数字化演艺＋大运河"的业态创新旨在推动文化和旅游高质量融合发展、大运河非遗文化传承,拉动文旅消费,宣传非遗文化,让人民群众更好地享受到艺术、文创和非遗文化的魅力。

2.5.4　动漫 IP＋大运河

动漫是集绘画、漫画、电影、数字媒体、摄影、音乐、文学等众多艺术门类于一身的综合性艺术表现形式,是现在诸多年轻人喜爱的现代科技新语言。而非遗是指各种以非物质形态存在的与群众生活密切相关、世代相承的传统文化表现形式,是民族个性、民族审美习惯的"活"的显现。非遗是以人为核心、以生活为载体的活态传承实践,非遗的生命在于生活,非遗是传统文化在当代生活中的活态呈现,并在传承中不断被赋予人民群众的智慧和创造力。非遗是传统文化的重要表现形式之一,而非遗与动漫的跨界就是利用现在年轻人喜爱的二次元,加深人们对传统民间工艺的认同感,体会非遗传统手艺人不辞劳苦和日以继夜专注工艺品制作的工匠精神。

以动漫 IP 带动大运河文化产业发展,形成线上线下全产业链:运营大运河文化 IP,通过主题授权、产品授权、活动授权、品牌合作款授权等授权方式,开发 VI 包装、MV 歌曲、宣传片、小应用、游戏、漫画、动画、短视频、绘本、舞台剧、影视等内容产品,以及商务礼品、限量爆款、快消品、土特产、日用品、文创产品、落地实体店、主题餐饮、主题客栈等衍生产品,实现商业变现。

"动漫 IP＋大运河"的形式,将新鲜的血液融入传统的文化中,传统就会变得不再传统,也会被越来越多的人接受与传承下去。

2.5.5　数字会展＋大运河

会展旅游是借助举办国际会议、研讨会、论坛等会务活动以及各种展览会而开展的旅游形式。把杭州运河沿线打造成为沿岸城市文旅融合发展平台、文旅精品推广平台、美好生活共享平台,打造成为大运河文化带建设的标志性项目、在国际国内有重要影响力的文旅融合品牌。依托杭州大运河沿线的景区,举办大型会展活动,数字会展将应用最新的二维码签到、移动互联网地理位置服务(LBS)、人脸识别等方式给予筹办方和参展方便捷的管理和应用,同时也会应用 3D 技术、直播互动、VR、AR、MR 等再造展会现场(ZR),让用户全景感受展会氛围,提升会展展示销售经济效益。应用 H5 技术制作强互动感的宣传方案,在展前、展中、展后进行精准化推广。

"数字会展＋大运河"的形式,可以将大运河的非遗项目集中在一起展示,内容上更丰富多彩,也克服了非遗的地域性特点,从而使人们有更多的机会感受和了解我国先辈创造的灿烂的精神财富,更深刻地理解非遗传统文化形成、发展的历史过程和现实意义。

2.6 大运河国家文化公园杭州段数字化应用与实现

2.6.1 非遗文化保护数字化应用

非遗数字化保护就是充分应用数字化技术,来保护非遗、确保非遗生命力的一种实践。非遗数字化保护就是采用数字采集、数字储存、数字处理、数字展示、数字传播等技术,将非遗转换、再现、复原成可共享、可再生的数字形态,并以新的视角加以解读,以新的方式加以保存,以新的需求加以利用。[1]

目前,非遗数字化保护应用的呈现形式多样化,包括数字文物库搭建、数字博物馆及地方数字文化场馆建设、线上展会、文物修复、数字内容创新及传播等。最主要的特点是,将数字化技术充分地切实地应用于非遗的记录、保存等各个环节。

非遗文化数字化保护的应用能够将一些复杂的信息转变成容易让人们接受和理解的信息,为非遗更好地融入现代生活创造条件,更好地促进非遗

---

① 宋俊华、王明月:《我国非物质文化遗产数字化保护的现状与问题分析》,《文化遗产》2015 年第 6 期,第 1—9 页。

的传播、保护和传承;同时数字化技术还可以对运河非遗的技艺流程进行抢救性记录,把非遗转化为可共享、可再生的数字形态,让这些运河非遗技艺永远留存。①

此外,非遗文化数字化保护在保存非遗文化记忆功能、促进运河非遗文化传播、非遗文化的保护方面也起到了重要的作用。② 数字化应用可以借助多媒体数字手段记录和展示活态的运河非遗文化,将非遗信息完整地记载并保存下来,并可以针对非遗文化进行复原与虚拟展示;在文化传播方面,非遗文化综合多媒体、数字化以及触摸屏等多种技术,并采用流动、巡回的展览模式,使运河非遗博物馆类展示机构受到公众的欢迎;在运河非遗文化保护方面,数字化技术既助力了研究人员脱离文物实体开展研究工作,又协助处理了运河遗产保护、文化传承与资源活化利用三者之间的关系,加强了运河非遗的生产性保护,在产生经济和社会效益的同时,促进了运河非遗自身的传承与传播。③

2.6.2 数字化博物馆、地方数字文化场馆建设

数字化博物馆是以博物馆物理实体为基础,运用数字技术、电脑技术、通信技术和自动化技术在信息网络平台上建立的一个信息服务体系,是对数字网络空间的再现和反映,即在信息空间中建立一个综合性终身教育系统。并且数字化博物馆与实体博物馆一样,同样具有对文物的保管、研究和陈列等功能,其实质内容就在于如何尽可能地保存与发掘文物所有已知的和未知的信息,使之成为数字化数据,并且用喜闻乐见的多媒体手段加以展示和传播,具有网络化、智能化、虚拟化的特点。地方数字文化场馆为适应当代信息化社会,在场馆工作的各个方面采用数字技术、信息技术,更高效

---

① 王天岚:《非物质文化遗产数字化保护研究》,《吉林广播电视大学学报》2019 年第 10 期,第 9—11 页。

② 杨红、张烈:《非遗展示空间中的数字化应用》,2019 年 3 月 25 日,http://www. ihchina. cn/luntan_details/18444. html,2022 年 11 月 22 日。

③ 言唱:《大运河非物质文化遗产的活态保护与活化利用》,2020 年 6 月 22 日, https://www. ihchina. cn/project_details/21260?ivk_sa=1024320u,2022 年 11 月 22 日。

地为文物的保存和利用服务。其工作内容涵盖了文博工作的收藏、保管、研究、陈列、教育、市场等所有方面。数字化博物馆及数字文化场馆具体的建设主要分为以下 3 部分:

(1)非遗云数据中心平台构建

通过采购资源所有权和使用权、原创定制(自建或与专业供应商合作共建)、活动征集、互换与捐赠等多种数字资源建设方式,将中华优秀文化数字化、全民阅读、全民艺术普及、文化精准扶贫、文化旅游、移动互联网适用等资源进行整合。在非遗云数据中心平台上首先建设统一的网站,再整合用户资源(一卡通)并统一内容,最终多终端输出并进行试运营。通过将大运河虚拟现实环境放到基于空间信息与数字技术建立的大运河网站上,实现真三维和多时相的大运河及其环境的漫游、查询分析、复原,提供京杭大运河虚拟展示平台,通过互联网为社会公众提供内容丰富、实时快捷的大运河保护信息服务。

(2)多媒体交互硬件构建

在博物馆构建智慧拼接 LED 大屏、互动滑轨屏、透明玻璃液晶数字展柜、异形展示屏、数字文化沙盘、AR 交互大屏等与各数字化内容相匹配的硬件设施,实现各项大数据以及运河文化在场馆中的可视化展示,并以硬件设备为载体,以一种活泼、轻松的方式灵活地展现运河非遗文化知识,在一定程度上拉近人们与大运河之间的距离。

(3)数字化内容的制作设计

利用信息库的数字资源结合 VR 技术,创建"VR 运河";利用先进的数字技术,建立完备的信息数据库,建设大运河虚拟现实系统,实现运河全境的虚拟现实仿真,通过点击数字屏幕上的某个点位,360°全景欣赏运河细节或全貌;并利用 AR 和 VR 技术相结合的 MR 技术,通过在虚拟环境中引入现实场景信息,在虚拟世界、现实世界和用户之间搭起一个交互反馈的信息回路①；构建数字文物修复系列②、3D 全真建模、数字文物互动展示系统、自然展厅数字展示项目（博物馆的数字化展示不仅能够实现对藏品展示内容主线的辅助展示，而且能够利用触摸屏、电子显示屏、投影等技术为观众呈现多样化的藏品信息）等数字化内容③。数字化技术造就非遗数字化内容呈现形式的多样化，也让运河非遗传承与保护更加立体和多元，增加了非遗文化的互动性、趣味性和参与性，可让参观者参与现场互动，让非遗运河文化转化为情境化、可视化的数字文化形态，并得到广泛的宣传和弘扬，为非遗更好地融入现代生活创造条件，确保其能保持稳定性和连续性，继而世代传承下去。

2.6.3　线上非遗文化艺术展

线上展会主要利用大数据、云计算等底层技术，结合互联网的平台、流量、营销、互动、服务，通过数据、算力、算法相结合的运作模式，并根据会展主办方的需求，把线下场景与线上平台有机结合，利用互联网继续延续和扩展，为客户赋能。线上展会在强调即时性的同时，具有成本低、辐射范围广、对接优化、沟通便捷、效果可控、曝光显示度高等优点。

（1）线上文化艺术展陈主要形式

线上文化艺术展陈应用体系的主要形式有云直播、全景、三维展会等。线上展会的核心功能在于云展示、云引流、云互动、云洽谈。通过充分运用3D、AR、VR 等技术提供沉浸式产品和服务，以实现展会和展商品牌 24 小时在线展示，并通过实时在线直播、视频、音频和自动化客服等互动技术，实现观众、展商及展品之间的高效实时互动。其优势在于不受时间和空间限制，扩大客户群体，降低人工成本，更全面展示展品，一键购买服务，多样化展示

---

①　《VR 在文化遗产上的保护　全球经典案例（选）》，2017 年 7 月 21 日，https://www.sohu.com/a/158924336_619883，2022 年 11 月 22 日。

②　纪花：《运河文化带建设视域下博物馆研学旅行研究——以中国大运河博物馆（筹）为例》，《辽宁经济职业技术学院、辽宁经济管理干部学院学报》2020 年第 6 期，第 44—46 页。

③　林莹莹、陈强、刘志宏：《苏州大运河沿线特色小镇数字化保护现状分析——以震泽古镇为例》，《城市建筑》2021 年第 5 期，第 11—13 页。

展品信息,降低空间成本,更大限度容纳观展人员。

(2)线上文化艺术展陈主要体系和功能

线上展会主要分为720°VR全景在线展览、3D全真虚拟线上展览、5G云直播展会三大体系。承办单位提供的服务包括:线上虚拟布景、多空间选择、线下展览VR同步、语音讲解、图文、视频附载。观众用户享受的服务为:一键购买、社交讨论、角色漫游、发表评论。线上展会的具体功能为:单一虚拟空间多次使用,最大限度合理使用空间;参观展览的观众可以自由选择角色身份,漫游展览。平台有行走和奔跑两种模式,全真模拟观展现场,提升观展的真实性体验;可根据展览的不同主题,选择不同的空间结构,以便符合布展需求;3D全真虚拟展馆定制设计,可线上720°全景+VR观展;线下博物馆的临时展览,可全部全景拍摄,线上VR同步,永久储存。多样化展品信息展示:可采用视频、音频、图片、文字等多种方式展示展品的信息,使观众多方面了解展品。同时也可以为展览添加幕后花絮、展品集锦等,增加观众和展品、布展人的交流。采用5G、8K、AR技术,直播展会,突破空间的限制,并且结合新技术,使文物"活"起来。参展人与策展人进行实时沟通,更加便捷地沟通讨论,有效拉近了展品、策展人与观众之间的距离。

2.6.4 数字内容创作与传播

数字内容的创作与传播就是以数字化的形式进行内容的创作和借助多媒体工具进行内容的传播,即主要通过微纪录片、数字文创、线上游戏和App应用的形式进行内容创作和传播。

(1)微纪录片

鉴于当前数字艺术的碎片化、微阅读的特征,以适合移动互联网平台播放的微纪录片形式作为运河文化非遗保护的措施之一。利用拍摄技术对民间工艺制作过程进行影像记录,保存原始的文化状态。民间传承人对工艺制作的记忆是珍贵的资料,对其口述历史进行记录,形成数字化影像数据库,对他们的生活状态进行具体呈现,让这些场景得以影像化保存、奇观式呈现,让历史悠久的大运河非遗能够生动、具象、全面地传承下去。这种"微传播"的方式,符合当下移动互联网时代的新媒体短小、快速的传播特性,符合当代年轻人碎片化、影像化的接受方式,具有更强的传播力和影响力。[①]

（2）数字文创

利用微信小程序进行线上文创商城建设,应用运河文化 IP 打造具有鲜明特色的数字文创,并通过数字媒体进行宣传,扩大其影响力。以手办、科技产品、二维码明信片等形式吸引消费者,通过与企业合作的方式提高产品知名度,使民众对运河文化具有潜在印象。[②] 同时可以针对网络平台中的数字文创产品适时进行实物产品转化和衍生开发,创新文创产品的形式,达到更加广泛的覆盖面。

（3）线上游戏

非遗数字创新平台针对不同的非遗项目设计出具有一定趣味性、又能更好地进行非遗知识传播的小游戏,在游戏中设立非遗人物形象、非遗形象的奖惩制度。例如:三消类游戏中的不同形象就可以设定为非遗产品形象;问答解题过关类游戏中就可以设置一些非遗知识问答,如戏曲知识、手工艺常识性知识等;策略类塔防游戏中的任务设置、人物设定等可以融入非遗元素。开发一些针对手工艺类非遗项目的游戏,主要强调手工艺制作流程的互动性、游戏互动成果的奖励或应用性,由此提高游戏参与者的成就感。[③]

（4）App 应用

手机 App 应用已经是当前最便捷、迅速的信息传递方式,可以满足用户传播非遗的需求。许多 App 产品都采用交互式设计模式,将非遗转换为文化产品,促进了非物质文化产业的规模化发展,将建设过程中挖掘形成的非遗 IP 资源进行商业应用开发。

这种数字化的内容创作和传播方式速度快、范围广,更符合当今数字经济时代下内容创作的要求,也有利于大运河非遗文化的内容创作和推广,使

---

①　赵瑞超、李国良:《德州古运河历史文化景观数字化保护研究》,《黑龙江科学》2020年第 14 期,第 154—155 页。

②　朱敏:《中小型博物馆的数字化博物馆建设探析——以常州博物馆为例》,《东南文化》2020 年第 3 期,第 183—188 页。

③　朱敏:《中小型博物馆的数字化博物馆建设探析——以常州博物馆为例》,《东南文化》2020 年第 3 期,第 183—188 页。

更多人通过优质的数字内容了解大运河背后的历史文化故事。

2.6.5　智慧运河文旅公共服务平台建设

旅游公共服务平台,就是政府为旅游者和企业提供公共产品和公共服务的平台,它是一个开放的服务系统,可以向广大游客、旅游企业、政府管理部门以及公众提供全面、高效、方便的一站式旅游服务,从而提升旅游体验,促进旅游产业的良性发展。

大运河智慧服务公共平台体系主要包含一些基础性功能和拓展性功能。基础性功能主要有智慧导览、基于LBS的公共服务、服务评价分析、运营管理和报表中心等,拓展性功能有混合现实虚拟漫游系统、云端商城、云上街区、会员中心等。

(1)基础性功能

第一,智慧导览,主要是为消费者提供高品质步行街的基础设施、商业门店、公共服务的全方位信息导览,在地图上直观布局导览设施及街区商店的地理位置、周边情况,让消费者对设施及其服务内容有视觉上的直观感受和深切体验。第二,基于LBS的公共服务,指基于LBS,集合步行街内提供的公共服务项目在地图上全局显示,以及根据消费者当下的需求进行智能引导和人流监控服务,从而使街区消费者快速获得服务响应,包含智慧停车、信用借还、物品寄存、失物招领、街区人流、寻人广播等。第三,服务评价分析,利用游客在综合、餐饮、导游、景点、娱乐、购物、住宿、交通等评价类别上真实的评分和评价,为后期旅游产品提供者提供丰富的数据,并借游客的评分和评价来促进运河相关酒店或景点的服务提升。第四,运营管理系统,集成收银数据、消费数据、会员数据、商管数据,统一平台按需展现,为运河区提供全方位、多角度洞察分析,自动诊断运河周边门店经营状况,为智慧经营决策提供有力依据。第五,报表中心,主要是数据报表中心,跟进园区各业务模块现状,在对数据分析后可优化日常运营,同时支持报表导出功能,可对重点数据进行个性化分析。

(2)拓展性功能

第一,混合现实虚拟漫游系统,通过多种终端同步实现物理景观向虚拟空间的移植和再现,同时加入漫游、鸟瞰、自由行走、线路搜索、电子商务等功能,让游客以现实中不可企及的视角自由徜徉、观赏,带给游客如临其境的全方位、直观式体验,同时实现对重要遗产资源的保护和永续利用。第二,云端商城,是街区商品触达消费者的重要途径,消费者在了解街区文化的同时,能够便利地通过线上商城找到心仪的纪念品或特产。第三,云上街区,包含云街景、云直播和云互动。云街景通过移动端实现360°展示不同的场景。云直播主要解决通过互联网、移动互联网进行视频直播的问题,涉及活动、演出、商家等。云互动指游客可在线发布建议和分享等。第四,会员中心,主要是针对云端商城会员进行一些优惠活动等,游客可在线查询自己的信息、个人订单、积分等。

在旅游前,智慧旅游公共服务平台可以帮助游客足不出户,进行旅游产品之间的相互比较,从而高效率、低成本地选择适合自己的优质信息、产品和服务,避免使用其他平台而陷入复杂繁多、良莠不齐的信息陷阱,从而做出错误的决定。在旅游中,游客可以直接利用移动设备或智能终端登录该系统,随时随地获取自己所需的信息,也可以改变自己的行程;在旅游后,游客可以使用该平台进行旅游评价、提供建议,一方面实现旅游信息的共享,另一方面督促旅游企业改善服务,从而提升游客体验,促进旅游业良性发展。

2.7 大运河国家文化公园数字化建设的意义和反思

2.7.1 数字化建设有助于全面了解大运河

数字化建设有助于全面了解大运河。空间信息技术在大运河遗址保护中的应用是利用地理信息系统(GIS)、遥感(RS)、全球定位系统(GPS)、虚拟现实系统(VR)等技术,为京杭大运河历史文化遗产保护的规划、管理奠定基础。其中 RS 技术利用遗址与周边环境的差异所造成的土壤、水分、地表温度等不同,用遥感图像上的光谱差异来识别遗址。利用拍摄技术和互联网的储存功能将民间工艺制作过程进行影像记录,保存原始的文化状态,也可以对民间传承人口述的历史进行记录,形成数字化影像数据库。这些技术有助于我们更全面地了解大运河的全貌,实现对京杭大运河的全线监控和管理。

2.7.2 数字化建设有利于对大运河遗址的保护

数字化建设可以对大运河进行保护和修复,京杭大运河距今已经有1000多年的历史,在漫长的历史演变中,古运河发挥着重要的作用,也在各个历史时期留下了特殊的身影。对于文化遗产的保护,仅采用书籍、录像等传统数据收集、记录和整理的方法已无法满足需求。研究表明,在国外,现代数字技术早已被开发并应用到文化遗产保护中。这种新技术能够对旧有环境下形成的没有规律的数据、杂乱无章的管理、千头万绪的工程进行条分缕析的梳理,分门别类细化与规范化,节约了文化遗产保护所耗费的时间和精力,并提供了有力的技术支持。

生生不息的大运河文化穿越了千年,以一种古老的、动态的形式存在着、丰富着、发展着,随着时代发展不断出现新的现象。对变化中具有传承意义的动态遗产进行保护与传承,要比对静态的物质文化遗产进行保护与传承难度更大,问题也更复杂。现代数字技术能够通过技术平台无限延展传播空间。[①] 借助数字技术对大运河遗产进行规整,对大运河文化进行挖掘、分析和梳理,将现代研究数据的新思维带入其中,寻找大运河演变的规律并进行归纳总结,利用数据调研的方法对残缺数据进行补充,提高数据的完整性,有利于对大运河遗址的保护。

2.7.3 数字化建设有利于对大运河文物的保护

对于文物来说,最大的危害来自不恰当保存造成的文物自然损坏和腐蚀。此外,我们谁都不敢说在保存文物、使用文物的过程当中没有失手的时

---

① 陈学文:《文化产业视野下的非物质文化遗产数字化保护与传承策略》,《艺术品鉴》2020年第11期,第59—60页。

候,工作人员的失误也会造成文物的损伤或者损毁。数字文物的这些数据,就可以支持我们在将来这种状况出现后能够精准地还原这些文物,这种还原不是说非得把它复制出来,而是说后人仍然可以利用这些数据去直观地了解这些文物损毁前的样子,从而不影响研究工作的继续开展。数字化建设可以用多种技术手段记录文物本体的各种数据,组成一个虚拟的文物——以平面影像、三维模型搭建起来的,以各种尺寸、材质构成、配方、工艺等多维原始数据组成的,可供脱离本体研究、展示、复原的虚拟文物。

2.7.4 数字化建设有利于对大运河展品的数字化展示和管理

大运河国家文化公园数字化建设少不了对博物馆的数字化建设。博物馆的数字化展示形式主要分为虚拟显示与专题显示两种类型。虚拟显示是指在虚拟显示技术的支持下,博物馆能够为观众营造一个仿真环境,观众不仅能够对大运河文化和大运河古文物进行观察,而且能够置身于虚拟的仿真环境中参观,能完全融入其中并能与其他观众进行交流、分享等互动,获得丰富的情感体验,它体现了良好的交互性。[①] 专题显示是指定期对展示的藏品主题进行更换,包括博物馆本身的信息资料与展览服务内容等。另外,更新的信息还能够在互联网中展现,有利于大运河文化的交流与传播,有利于充分发挥博物馆的教育功能。数字化建设可以让已有的画卷动起来,更加生动地将古老的大运河展现出来。在数字化技术支持下,展品的文字、图像、声音等各种信息都能够录入计算机信息系统中,现场同期声、现场录音整理、数字处理与存储,满足在较短的周期内获得认识的要求,在为研究提供第一手影像资料的同时,能够让大运河文化跨时空高效地存储与传播,有利于大运河数字化展品的展示。

作为博物馆建设极为重要的组成部分,藏品管理主要是对馆藏物品的保存、保护以及整理研究等方面的管理。其中最为重要的是展品信息有效管理,博物馆中所陈列的每一项展品都拥有独特的内涵与价值,为使观众能够充分、快捷了解历史文化,博物馆工作者往往对每一件产品都做出了详细

---

① 程竹:《"数字化运河"浮出水面》,《中国文化报》2009 年 11 月 3 日,第 7 版。

的信息说明,能够促进数字化展品管理的科学发展。

2.7.5　数字化建设有利于大众对大运河文化的传播和学习

采用数字化技术构建文化交流渠道,可将文化遗产和用户联系起来,让人们更容易接触到文化遗产,利用数字信息传播的快速性与便捷性,人们更容易了解优秀的文化遗产,提高对文化遗产的关注度。[①] 大运河国家文化公园除了为参观者展示文化资源外,还具有一定的社会性、科普性。在网络数字化支持下,大运河国家文化公园中的藏品信息能够被更多观众所了解,除室内现存展品的展示外,还能够实现远程交互式教学。利用数字文化的建设还可以打造媒体效应,达到宣传的效果。数字化建设丰富了大运河非遗的传播途径和方式,利用数字化的手段,可以将大运河文化用现在大众更关注、更好奇、更喜欢的方式进行传播,增强大众的学习兴趣,同时使大运河文化知识更加易于接收。

2.7.6　反思

首先,资金筹措问题。现阶段大运河国家文化公园数字化的资金还是仰赖自上而下的拨款,但仅靠拨款对于数字化保护的实施是不够的。从商业角度看,短期内数字化保护项目赢利能力普遍很差,吸引商业投资难度大。所以,一要积极争取政府的扶持,获取资金支持;二要有互联网思维,通过优秀的文案宣传,学习借鉴打赏、众筹等手段;三要吸引商业投资,可以通过政府牵线搭桥,制定优惠的政策,吸引商业资本合作。

其次,运河文化知识产权存在问题。关于非遗知识产权归属,在法律上就存在诸多争议和"灰色地带",目前主要通过物权法和非物质文化遗产保护法进行保护。近年来,很多学者提出传统的知识产权和物权法规尚不能完全覆盖非遗的产权保护,数字化保护还会带来新的法律问题,从各地情况来看,非遗传承人普遍对数字化抱有戒心:一方面,担心对核心技艺进行数

---

① 骆娴:《博物馆的数字化建设发展——以贵州省民族博物馆为例》,《贵州民族研究》2016 年第 8 期,第 179—182 页。

字化有泄密的风险;另一方面,对数字化技术感到陌生,缺少把握内容和质量的发言权。另外,数字化后的衍生品和出版物的所有权、收益权问题,非遗项目权利主体客体之争,官方传承人与民间传承人的权利之争,都是亟须解决的问题。面对这些问题,首先要呼吁推进国家层面有关非遗数字化保护的法规、政策的完善,其次要做好非遗传承人的沟通工作,向传承人普及数字化保护的方法和意义,充分考虑传承人的意见,做好数据管理和保密工作。①

　　最后,要进行标准化建设。大运河国家文化公园数字化保护应制定出一套标准,按照标准建立数据库,并使用元数据进行编码。数据库和元数据好比构建数字化工程的"底层语言",在此基础上可进行数字化平台建设,发展出丰富的数字化成果。同一标准下建设的数据库、元数据,可以实现数据整合、资源共享,极大提高大运河数字化保护的效率。

---

① 刘琳琳、石翔翔、徐守超:《天津段运河文化发展与保护的数字化探究》,《明日风尚》2021 年第 8 期,第 187—188 页。

3

大运河国家文化公园的符号政治经济学

3.1 国家文化公园：思想实验与符号政治经济学

思想实验（thought experiment）是一种在人的头脑中进行的理性思维活动，是运用想象力对在现实中无法做到或现时尚未做到的事情或事物所进行的实验，是在大脑中进行的有意识的、有条理的、客观的逻辑推理，从源于经验的前提开始，通过演绎逻辑得出结论，用以检验思想和概念，明确思维内容，启发思考，增进对世界的理解。这种思维活动按照实验的模式展开，所以也称为"实验"。只要前提所基于的经验确凿可靠且推理符合逻辑，就能得出正确的结论。

国家文化公园理念就是这样的思想实验。"国家文化公园的建设，是国家依托深厚的历史积淀、磅礴的文化载体和不屈的民族精神，着力构建和强化中国国家象征，对内强调民族化和本土化，服务于实现中华民族伟大复兴，对外适应国际化和普遍化，促进世界文化之间的交往和文化多样性的保有与存续。"①有学者指出，国家文化公园至少涵括 3 个层面的内容：其一，强

---

① 王学斌：《什么是"国家文化公园"》，《学习时报》2021 年 8 月 16 日，第 A2 版。

调整合一系列文化遗产后所反映的整体性国家意义；其二，由国民高度认同、能够代表国家形象和中华民族独特精神标识且独一无二的文物和文化资源组成；其三，具有社会公益性，为公众提供了解、体验、感知中国历史和中华文化以及作为社会福利的游憩空间，同时鼓励公众参与其中进行保护和创造。黄河、长城、大运河、长征，无一不具备"国家""文化"和"公园"三重属性。[1]

历史传承积淀至今的大运河文化和大运河文化地理的跨时空经验为这个思想实验提供了坚实可靠的基础，由此提炼出来的大运河国家文化公园理念可以演绎出什么样的缤纷图景和场景，这是极富于启发性的宏阔的想象空间，必将激发出巨大的生产力和文化凝聚力。

鲍德里亚的《符号政治经济学批判》曾敏锐地指出："每一个复杂的主—客体关系都被分割为一些简单的、合理的、可分析的要素，这些要素能够被重新组合在一种功能性的系列之中，成为一种环境（environnement）。因为只有在这一基础之上，人才能够与他称为环境的东西分割开来，并被赋予了控制它的责任。18世纪以来，自然的概念就已经作为需要生产力加以控制的对象而存在。而环境只是接替了这一概念，并将其深化为一种对符号的掌控。"[2]他将通过设计对环境进行控制视为政治经济学的最高阶段，设计和环境本身就是一种操控力量。这一论断与时任浙江省委书记的习近平同志在浙江湖州安吉考察时所说的"绿水青山就是金山银山"的观点似乎有呼应之处。规划先行，是既要金山银山，又要绿水青山的前提，也是让绿水青山变成金山银山的顶层设计。

将千年流淌的运河及其承载的深厚文化积淀所蕴含的丰富物质与非物质存在提炼为"大运河国家文化公园"，这本身就是一种环境设计，其中既有鲍德里亚所说的政治经济学内涵，也有符号政治经济学内涵：大运河的建造源于对交通运输和政治统治的需要，是"在有用性（需求、使用价值等，所有

---

① 王学斌：《什么是"国家文化公园"》，《学习时报》2021年8月16日，第A2版。

② 让·鲍德里亚：《符号政治经济学批判》，夏莹译，南京：南京大学出版社，2009年，第186页。

经济合理性的人类学指涉）的遮蔽之下，它构建了一个逻辑一贯的体系，一个可计算的生产力，其中所有的生产都被归结为一些简单的要素，所有的产品都在它们的抽象性中成为等价的。这就是商品的逻辑以及交换价值体系"①。如果说古时大运河的有用性主要来源于当时的人们对于漕运和商贸的需求，那么在这一生产过程中所有涉及的人与物都会被简单地归结为为了满足生产力需求的劳动者、劳动资料与劳动对象。这些要素在这一生产过程中都是等价的，都只是生产运行时一个必不可少的环节而已。而当时过境迁，大运河运输功能和政治功能消退，其符号意义便极大地彰显出来。"在功能性（客观的目的性，与有用性同构）的遮蔽之下，它构建了某种意指关系的模式，其中所有围绕它的符号都在逻辑的可计算性之中充当一些简单的要素，在符号/交换价值体系的框架中互相指认。"②符号—物的背后是一系列意识形态运作，并且符号系统不仅建构了物，更建构了人的需要或者说人本身。无论是古时实用性更强的大运河，还是当下被再生为景区的大运河，这一系列生产过程都是由人的意志、渴望与需求所驱使的。人的基本需要不是自然而然且必须给予的，而是由社会要求生产出来的，确切地说，是由符号体系的要求生产出来的。

鲍德里亚指出，日常消费中我们通常知道自己需要什么，但这一需要实质上是由符号体系的意识形态运作所输入的，并让我们误认为这就是自己真实的需要。当我们觉得现在使用的手机、电脑等的功能不够，想要换成功能更完备的另一款时，这似乎是出于现实的需要，但事实上我们并不需要如此多的功能，让我们产生需要的幻觉的则是符号系统的差异性及差异符码间的不断变动。正如栖居于杭州桥西历史文化街区的手工艺活态馆一样。手工艺活态馆于 2011 年 5 月建成，是杭州首家集互动教学、非遗手工体验、民间技艺表演于一体的全新概念的非遗展示馆。通过集中展示以刀剪、油纸伞、天竺筷、紫砂壶、竹编及各类雕刻工艺等为主的传统手工艺，以及其在

---

① 让·鲍德里亚：《符号政治经济学批判》，夏莹译，南京：南京大学出版社，2009 年，第137 页。

② 让·鲍德里亚：《符号政治经济学批判》，夏莹译，南京：南京大学出版社，2009 年，第262 页。

现代艺术中的创意运用,在保护和传播此类非遗历史和文化价值的基础上,为其传承注入新的活力。手工艺活态馆的多功能性为人所称道,但是像刀剪、油纸伞、筷子、砂壶这些工艺品,在中国随便一个地方的路边摊上、精品店里都可以见到,那为什么还有那么多游客仍然对其追捧呢?很简单,一方面是其背后人为赋予的意识形态意义——这个手工艺活态馆是由通益公纱厂的旧址所改建的,而这个老厂房始建于清光绪二十二年(1896),有着百余年历史,承载着几辈人的回忆;另一方面是由我们对于独特性与差异性的需求所驱动。这个手工艺活态馆是传统与现代、时尚与怀旧的结合——游客身居其中不仅可以感受非遗文化的魅力,而且可以亲自动手制作,让非遗"活"起来,而不再拘泥于书本或被束之高阁。

3.2 大运河国家文化公园的文化资本与符号资本

大运河早已不仅用于运输,大量的交换活动在运河上云集,各省各地乃至各国的人来往于此,不同的民俗风俗于此交织,促成了运河两岸村落、乡镇、城市的形成,也促成了运河两岸独特的文化景观。大运河虽然是因实用目的而修建出来的,但是随着人的参与,也不再仅限于实用价值,不同段的运河被所流经地的人们赋予了不同的风貌,这种独特性与差异性使其社会价值甚至文化价值更加凸显。浙江一直在致力于探索发挥大运河的文化资本和符号资本优势,借助这一环境媒介将杭州、浙江与全国、全世界紧密联系在一起。

2016 年,举世瞩目的 G20 峰会在杭州成功举办,这一世界级别的会议也让京杭大运河再次吸引了来自世界各地人们的目光。2016 年正逢大运河申遗成功 2 周年,"中国大运河国际论坛"也应时而生。在这次论坛上,来自世界各地的运河研究者与专业人士聚集在一起,讨论关于运河保护与发展的事宜,致力于推动中国大运河的绿色可持续发展。到 2019 年,"中国大运河国际论坛"已经举办了 3 届,未来 20 年将做好以下"3 篇文章":

第一,要做好核心区文章。把杭州大城北 20 平方千米的地区作为大运河文化带建设的核心区,5年至10年以后,大家会在杭州城北看到一个大运河文化带的展示区。

第二,要做好水的文章。大家一起来研究、研讨大运河在水文化、水产业中应该做的工作。杭州有非常好的条件,我们已经开辟了26千米的运河通道。总之,运河水系要作为好的旅游产品来开发。

第三,要做好区域开发的文章。"拥江发展"战略提出后,国有企业应该更加有担当。杭州市运河集团主要负责大运河沿岸的区域开发,在遗产保护和利用上要有自己的情怀。[①]

《来自中国的明信片:大运河纪行》作者大卫·皮卡斯(David Pickus)也赞叹:每一条运河都有它独特的意义与美,而中国大运河最独特的一点是历史悠久。由此可见,每年举办的"中国大运河国际论坛"也不仅仅是单纯的运河保护交流活动,在很大程度上起到了向世界宣传中国大运河、传播中国运河文化、提升中国国际形象、稳固中国爱好和平与发展的大国形象的作用。

"环境即媒介",在生命科学中,"媒介"指培养基(culture)所具有的胶质物或其他类似物,以此延伸,"我们可以将'媒介'视为一种友好的环境,它能为各种生命形式提供栖居之地,也能催生各种其他的媒介"[②]。大运河的开凿为不同地区之间的经贸往来、文化传播提供了媒介,也催生了很多不同类型的媒介。"南连闽粤,北接江淮"的杭州处在京杭大运河及钱塘江等水系交汇处。杭州不仅出产丝织品、锡箔、纸张等货品,还有来自湖州、嘉兴、金华、台州、宁波等地的土特产。这些物资源源不断运抵杭州,又通过大运河和海运转售于各地。海外市场对我国丝绸等丝织品的需求尤甚,竟达到清光绪时的《仙居县志》所说的"以番舶日充贸易者,且遍于远洋绝岛,获利不赀"。如果要说京杭大运河沿线城市的对外传播影响力,杭州凭借浙东运河及钱塘江、新安江、杭州湾等水系而进行的海运贸易,则是我国运河文化对

---

① 《高小辉:聚焦大运河产业发展　未来二十年将做好三篇文章》,2019年10月10日,http://yunhe.china.com.cn/2019-10/10/content_40908978.htm,2022年12月15日。

② 约翰·杜海姆·彼得斯:《奇云:媒介即存有》,邓建国译,上海:复旦大学出版社,2020年,第3页。

外传播最为重要的贡献之一。① 大运河所催生的最为直接的媒介，就是每天来往于运河之上的人，这些人本身便是媒介，其用船这一媒介所带来的物又是一种媒介，因为它承载了一个地方的风土人情等。这些都是古时最为常见的媒介。

　　媒介研究提供的是一种看待世界的视角，而不是一个对象。英尼斯指出，基础设施分为软和硬两种。古罗马除了城市、道路和高架水渠这些厚重和固定的混凝土硬设施，还留下了至今富于生命力的许多软设施，彼得斯称之为"文化基础设施"，包括宗教、语言、法律乃至"欧洲"这一概念，古希腊和犹太人发明的数学、历史、哲学、音乐和假期制度至今仍活力充沛。水利和道路系统固然能持续发挥作用，但文化上的延续性通常意味着更大的成就。② 运河不仅带来了各地的货物与风俗习惯，也为像白居易、苏东坡这样的才子南下到江南游玩提供了极大的便利，他们的到来也带来了京城的歌舞，丰富了杭州的娱乐种类与艺术文化。就拿时任杭州刺史的白居易来说，他就将在京城所见所知的歌舞带到了杭州，而且还结交了一群歌伎排练歌舞。《西湖佳话·白堤政迹》一文中，有白居易与一批色艺俱佳的著名歌伎如商玲珑、樊素、小蛮、陈宠、谢好、沈平等排练歌舞的记载。据说，樊素善于清讴，每歌一曲而齿牙松脆，不异新莺。小蛮善于飞舞，每舞一回，腰肢摆折，胜似游龙。③ 由此可见，大运河也为杭州以及其他流经城市留下了延续至今的文化基础设施。

　　彼得斯从媒介研究角度将那些具有基础性作用的媒介称为"后勤型媒介"，其功能在于对各种基本条件和基本单元进行排序。他指出，记录型媒介压缩时间，传输型媒介压缩空间，都具有杠杆作用，而后勤型媒介则在此二者基础上更进一步，具有组织和校对方向的功能，能将人和物置于网络之

---

① 周鸿承：《朝廷之厨》，杭州：浙江工商大学出版社，2018 年，第 94 页。

② 约翰·杜海姆·彼得斯：《奇云：媒介即存有》，邓建国译，上海：复旦大学出版社，2020 年，第 37 页。

③ 应志良、赵小珍：《杭州运河戏曲》，杭州：杭州出版社，2013 年，第 14 页。

上,它既能协调关系,又能发号施令,它整合人事,勾连万物。① 大运河正是这种基础设施和后勤型媒介的结合体。其最为明显的体现便是根据四季由专人管理运河物资与来往人员的出入情况。比如,在清雍正九年(1731)完成的《北新关志》中,有更具体的关于杭州运河物资出入的记录。为了更加合理地征收各牙行货物通过北新关的税费,书中以春夏秋冬四季为例,明确记录了周边各县季钞行数。作为杭州段大运河重要的钞关,这样的信笔实录为我们了解杭州运河贸易物资的种类提供了最为客观的一手材料。②

　　春季例:

　　春笋行、鱼秧行、桑秧行、蓑草行、猪毛行、鸡毛行、芥菜行、芽豆行、蟛蜞行、螺蛳行、蛙蚨行、韭菜行、沙藤行、黄蚬行、残烛行、寸头鱼行、泥人行、春菜行、种蔗行、泥藕秤手。③

　　从这一行行由专人管理并记载的物资来往情况看,表面上是管理物的,其实是协调物背后人与人之间的关系以及应时应景地管理人员物资往来。

　　亚里士多德指出:生活在水中的动物不会注意到,水中物体在相互碰触时彼此的表面都是湿的。同样地,英国物理学家奥利弗·洛奇依据牛顿定义的"以太",即"媒介"(media)的概念也提出:"深水中的鱼儿也许无从知晓在水中生存的意义,因为它们都无一例外地深浸其中。这也是人类深浸于以太中面临的状况。"他还说:"鱼儿根本无从知晓的一样东西就是水,因为它们从没经历过所谓'反环境'(anti-environment),因而就无法通过对比来认识它们自己所生存的水环境。"④麦克卢汉说:"艺术作为一种反环境是一种不可或缺的感知手段,因为环境多种多样,它们往往是不可感知的。这些

---

　　① 约翰·杜海姆·彼得斯:《奇云:媒介即存有》,邓建国译,上海:复旦大学出版社,2020年,第45页。
　　② 周鸿承:《朝廷之厨》,杭州:浙江工商大学出版社,2018年,第79页。
　　③ 周鸿承:《朝廷之厨》,杭州:浙江工商大学出版社,2018年,第79页。
　　④ 约翰·杜海姆·彼得斯:《奇云:媒介即存有》,邓建国译,上海:复旦大学出版社,2020年,第20页。

环境具有将各种基础性规则强加于我们感知上的强大能力,以至于我们根本无法与其对话或互动。正因如此,我们就需要艺术或其他类似的反环境。"①将大运河建设成为国家文化公园其实便是将大运河建设成一个反环境,即回过头来重新审视大运河那被我们习焉不察的丰富文化蕴涵与艺术之美。

布尔迪厄提出社会资本、文化资本和经济资本的概念,并指出,不同种类的资本——经济的、文化的、社会的、符号的——可以相互转换,这种可转换性保证了资本的再生产,尤其是通过资本与权力的结合,通过精英教育的再生产,各类资本相互转换,资本的总量与结构随地点和时间而改变。布尔迪厄指出,文化资本有3种存在状态:第一,具体化的状态存在,以精神和身体持久"性情"的形式而存在,即文化能力,比如一个人受家庭环境的影响所形成的内化于人的学识和修养;第二,客观化的状态存在,即文化产品,当文化资本转变为像"图片、书籍、词典、工具、机器之类的东西的时候,文化资本就是以这种客观化的方式而存在";第三,以体制化的形式存在,即文化制度。

根据布尔迪厄的解释,符号资本可以被理解为一种受到社会认可的,能够生产、再生产和长期积累的荣誉、声名、精神等以符号化方式存在的特殊性或稀缺性资源,多是指对抽象事物如精神、文化、品位等的符号化。这类资本不是实体性的,而是无形的、象征性的,它能增强正当性、信誉和可信度的影响力。

文化符号的实力显现,除具有政治意味的权力路径外,还表现为对经济的影响。也即是,文化符号作为经济对象,进入市场交换领域,通过符号与物质资源的转移,引起国家实力的变化。20世纪中叶以来,在国际范围内普遍出现了由文化符号推动的"新经济"现象。"符号经济"既泛指融入日常生活实践之中的符号(如鲍德里亚所说),又指由文化、创意所带来的知识增殖,是一种"文明化"的经济现象(如主流经济学讨论文化意义上的"符号经

---

① 约翰·杜海姆·彼得斯:《奇云:媒介即存有》,邓建国译,上海:复旦大学出版社,2020年,第65页。

济"）。符号资本将文化符号视为一种特定的经济要素，参与市场交换，形成"文化经济"，或马克思所说的"虚拟经济"（fictitious economy）。依托具有约2500年历史的大运河，京杭大运河杭州段风景名胜区充分利用运河所承载的文化符号，举办了各种各样有趣的活动，不仅吸引了各个年龄段的游客，而且极大地拓展了景区营利的新形式。在杭州市人民政府的支持以及杭州市运河集团的鼎力相助下，京杭大运河杭州段风景区每年1月1日都会举办中国（杭州）新年祈福走运大会，这一天是元旦，是一年之中的"初始之日"，寄托了中国人民对于新的一年顺顺利利、平安喜乐的美好愿望，大会期间还会穿插各式歌舞表演。因此，在这一天，有不少游客前往此地参与祈福走运大会，为新的一年开一个漂亮的头彩。每年的4—6月，景区还会举办京杭大运河国际诗歌大会，这一大会将运河与诗歌打造成活动亮点，这一活动不仅吸引了很多诗词爱好者加盟，还吸引了各界文化名人、诗词专家加入，大大提高了活动的参与度，也吸引了不少国际友人的关注，为中华文化的国际传播尽了一份力量。除此以外，还有每年10月举办的中国大运河庙会，每年12月举办的中国大运河国际论坛。这四大品牌活动是京杭大运河杭州段风景区主推的活动。另外，还有结合非遗文化的时令活动，比如：在六一儿童节，景区会举办"非遗手作游园会"；根据年轻人的喜好而精心置办沉浸互动体验游戏"上扇若水"，给予游客一次更好的了解运河文化，在运河故事中行走的机会；等等。以上活动的举办在吸引大量游客前往的同时，也极大地满足了游客"吃住行游购娱，商养学闲情奇"的旅游需求，对带动景区及其周边经济起到了很好的作用。

美国学者弗莱姆《符号的战争：广告、娱乐与媒介的全球态势》（*Battle of Symbols：Global Dynamics of Advertising，Entertainment，and Media*）一书甚至提出"符号战争"的说法，指出符号处于软实力的核心，而随着软实力的发展成为趋势，当代世界符号持续增加的现象乃是符号的战争。这一符号战争，不再是葛兰西所言的被统治阶级面向国家机器所展开的阵地战，而是以国家为主体，在国家与民众、国家与国家之间进行的文化传播、交融与创新。① "中国梦"既需要现实政治、经济改革作为可供奋斗的理想目标,又需要整套文化想象作为其信念支撑。大运河国家文化公园理念的提出,就是这整套文化想象的组成部分之一,是为了更好地发掘和运用大运河文化丰富的符号资本,进一步增强以大运河文化为代表的中华文化的民族凝聚力和民族自信心、自豪感,进一步提升国家软实力。如何进一步合理实现大运河符号资本的现实转化,彰显软实力呢? 主要有以下几个方面:其一,注意传统文化内涵与时代发展特色的统一,让传统与现代相互碰撞,古为今用,推陈出新。比如运河文化遗产、沿河古建筑、戏台、古镇、码头等,与现代景观设计理念结合,化古旧为厚重底色。其二,不仅要面向全国,更要面向世界,在国际软实力竞争格局中考量大运河文化符号的运用,注重国际文化普适性,提炼出中国本民族文化中与世界其他大部分国家类似的部分,以此为基础,并添加民族文化创新内容,避免片面强调民族化造成传播中的文化折扣现象。其三,在大运河文化符号的使用中,注意在其相应的文化产品上做到雅俗共赏或者通俗易懂,考虑到受众的各种差异性特征和需求。其四,应考虑到在地性问题。正如布尔迪厄所指出的,意识形态国家机器(学校、家庭、社会环境等)作用于个体,会使之形成惯习系统和性情倾向,以制造"占位感",达到社会结构与心智结构之间的同构。文化符号的运用可以极好地形成社区认同,塑造社区归属感,非常有利于大运河沿岸城市、村镇、社区形成积极向上的社会惯习和民情风俗,进而影响更大范围的国民社区。大众媒介通过影像的拟像,物性的商品正在转化为种种具有差异性的"富有魔力的符号",符号编码建构着消费游戏,在一个无意识的共同体中,离开了经济价值的消费游戏成为隐匿社会对抗的节日。鲍德里亚说,这种节日,"不管是怎样的经济地位和阶级条件——它都只是有利于统治阶级。它是统治阶级的基石。它并不能自动地被生产力的革命逻辑,或者资本的辩证法,或者传统的政治经济学批判所破解"②。合理有效地利用好大运河文化资本和符

① 李思屈、李涛:《文化产业概论》(第三版),杭州:浙江大学出版社,2014 年,第 105 页。

② 让·鲍德里亚:《消费社会》,刘成富、全成钢译,南京:南京大学出版社,2014 年,第 150 页。

号资本,对于塑造中华民族共同体、保持社会长治久安、稳固国家文化安全都有着深远意义。运用文化资本和符号资本将大运河转化为文化消费产品,以文化符号意识改善设施,兴建富于文化符号意义的建筑;运用大众媒介或新媒介手段,将运河文化的实体性存在与媒介文化产品的虚拟性存在高度结合,使民众沉浸于运河文化环境之中,乐兹在兹。

大运河国家文化公园理念是对于大运河符号功能的提升,这个理念成功地把大运河区域这个"地方"转换成了"空间",更进一步转换成了"风景"。著名文化地理学者米切尔这样界定"地方"和"空间":"地方是一个特定的场所","空间是实践的地方",是被移动、行为、叙事和符号激活的场所。① 赛义德则进一步指出:"一处风景就将一个地点变成了一个视域,将地方和空间变成了视觉图像。"相对于以往所提出的"大运河文化带""大运河生态文化景观带",大运河国家文化公园能够更全面地调动"国家公园"和"国家文化公园"符号想象。"国家公园"符号会让人联想到世界各大著名的国家公园,产生对于国家形象与人文地理意义上的美好正面的联想;而"国家文化公园"符号更在此基础上让人对于大运河的国家意义和文化意义以及立足国家而面向世界的意义都产生关联想象。"风景是含义最丰富的媒介。它是类似于语言或者颜料的物质'工具'(借用亚里士多德的术语),包含在某个文化意指和交流的传统中,是一套可以被调用和再造从而表达意义和价值的象征符号。"②大运河国家文化公园作为表达价值的媒介,与金钱有着类似的符号结构,其本身的使用价值毫无意义,但是在其他某些层面上,它又可以作为理论上无限价值的象征,对于大运河区域的各类媒介物都会产生附加价值,包括文化遗产、交通、地产、商贸、城市形象、乡村城镇建设、社区建设、文旅、教育等无数细分媒介(产业),都会因这个符号的加持而得到文化附加值的提升。就比如在"跟团旅游"中,风景被作为可展现和再现的可销售商品,一种被购买和消费的对象,甚至可以通过明信片和相册等纪念品的

---

① W. J. T. 米切尔:《神圣的风景:以色列、巴勒斯坦及美国荒野》,《风景与权力》,杨丽、万信琼译,南京:译林出版社,2014 年,第 289 页。

② W. J. T. 米切尔:《帝国的风景》,《风景与权力》,杨丽、万信琼译,南京:译林出版社,2014 年,第 16 页。

形式被买回家。传统的"国家公园"的风景,是在商品和文化符号的双重角色中成为拜物教行为的对象,就像游客们在同一地点以同样的情感/情绪拍摄出无限重复的照片,而"国家文化公园"符号甚至可以为大运河区域有关产业、商业和城市、乡村形象赋能,"风景自己又'超越价格',表现为一种纯粹的、无尽的精神价值的源泉"①。

这是一个全球营销的时代,也是一个国家软实力构建的新时代,以国家与地区为主体的文化营销成为一种国际时尚。② 文化营销的本质就是符号资本的转化。譬如 2016 年 G20 杭州峰会,正是这场峰会的成功举办把杭州这座城市进一步推入了国际视野,断桥、西湖、雷峰塔等美景让世人发出白居易式的惊叹——"忆江南,最忆是杭州"。杭州这座城市的名声大振,也让世界进一步了解到多彩多样的中国。杭州这座运河城市在这里就相当于中国在构建自己的国家形象、建设软实力时的一个符号,这个符号的成功营销使全世界的人们进一步增加了对中华文明的了解,也有利于建设一个有竞争力的文化大国形象。而集中体现杭州这个符号所要传达的含义的便是2016 年 G20 杭州峰会的会标图案。

2016 年 G20 杭州峰会会标图案用 20 根线条,描绘出一个桥形轮廓,同时辅以 G20 2016 CHINA 和篆刻隶书"中国"印章。桥梁寓意着 G20 已成为全球经济增长之桥、国际社会合作之桥、面向未来的共赢之桥。同时桥梁线条形似光纤,寓意信息时代的互联互通。图案中 G20 的"0"体现了各国团结协作精神。③ 这个会标的设计巧妙地将符号权利转移到政治性的"国家"之上,大大地改变了世界看待杭州这座城市的角度,使得国家获得了"杭州"这个符号的使用权,为中国走向世界增添了"杭州"这一有力的象征符号。

同样地,大运河国家文化公园这个符号也将大运河赋能为国家文化重器,不仅仅只是一片地方、一个空间或一带风景,而是把符号权利转移到"国家"上,面向整个国家,面向全球华人,以及世界各国人民,这就设计了一种

---

① W. J. T. 米切尔:《帝国的风景》,《风景与权力》,杨丽、万信琼译,南京:译林出版社,2014 年,第 16 页。

② 胡小武:《城市社会学的想象力》,南京:东南大学出版社,2012 年,第 33 页。

③ 2016 年 G20 杭州峰会内容参见 http://www.xiancn.com/zt/node_11030.htm。

召唤结构,吸引更多目光,赋予大运河以远超漕运交通的文化价值和意义。

3.3 大运河国家文化公园浙江资本的利用与培植

浙江是吴越文化、江南文化的发源地,因盛产丝绸而被称为"丝绸之府",因物产丰富而被称为"鱼米之乡",因境内最大河流钱塘江曲折蜿蜒,被称为"折江",即"浙江",省以江名。浙江可利用的文化符号丰富多样,为大运河国家文化公园的建设提供了厚实的文化资本。

虽然浙江省是中国面积最小的省份之一,但是浙江以北地区有水网密集的冲积平原,浙江以东地区沿海并且丘陵密布,浙江以南地区被群山环绕,为山地丘陵地带。除此以外,与内陆分离的舟山市为海岛地貌,别有一番风味。浙江省可谓山河湖海无所不有,自然风光数不胜数。不仅如此,运河流经之地也有不少人工建造的著名景点,比如京杭大运河最南端的地理标志性建筑杭州拱宸桥。该桥是一座三孔的拱桥,初建于明崇祯四年(1631),至今已有 300 多年的历史。现存桥于清康熙时重建,全长 138 米,宽 6.6 米。石砌桥墩气势雄伟,下面各有 2 个防撞墩,防止运输船只撞到桥墩。该桥位于杭州市运河文化广场,坐落在杭州市拱墅区桥弄街,横跨于古运河之上,是杭州古运河终点的标志。这些自然风景与人工古迹都是大运河国家文化公园不可复制的文化和符号资本,形成景区与景区、环境与环境的联动效应,从而丰富大运河国家文化公园的构成。

运河水不仅承载着南来北往的船只,而且孕育、滋润着沿岸的运河儿女、运河城市。运河边的建筑,如会馆、河埠、码头、桥梁、船闸及漕运衙门等都是为在实际生产中使用而建的。运河边也有很多民风民俗透露着务实之魂,如江苏淮安运河沿岸渔民的"交船头""汛前宴""满载会"等习俗。这些习俗都是为了祈愿实际生产的收获,直接、真切地体现出劳动人民希望实实在在获得丰收的愿望。运河生产过程中也创造了许多与生产相关的艺术,如大运河号子,有河工号子,是挑河、抬土、筑堤、下桩、打夯时所唱的。这些号子或粗犷简朴或苍凉雄劲,一方面可以鼓舞精神,另一方面可以组织指挥集体劳动。这些因流淌的运河而生的文化不仅是具有特殊性与稀缺性的文化资本,而且为一直为人所称颂的大运河增添了一丝丝的烟火气。

提起浙江最先让人想到的标签就是"经济强省",事实确实如此。据拓峰网统计,2018 年浙江的 GDP 总量达到 56197.15 亿元,位居全国省级城市的第四位,其中,杭州市的经济总量达到 13509.15 亿元,宁波市达到 10745.46 亿元,温州市达到 6006.16 亿元。如此大体量的经济效益是万万离不开浙江地区的商业文化的,具体来说,可以概括为以下几点:一是个体本位的经济理性;二是交易生财、谋生四海的交易传统;三是博采众长、善于学习的开放心态;四是蚂蚁搬家、小中见大的务实精神;五是自然无为、绵绵似水、柔弱胜刚的商战伎俩;六是不尚意气、攻于算计、谋定而后动的行为范式。[1]

商业文化是大运河国家文化公园文化资本的重要组成部分。大运河国家文化公园文化资本不仅是在历史传承中积淀而成的,也是在当代持续建设中逐渐展开的,并将在未来继续不断完善。对此,各级政府和相关职能部门以及各种社会力量和民众的共同努力形成了合力。2019 年 1 月,杭州市委市政府提出了"西优、北建、东整、南启、中塑"的战略部署,要求高标准推进大城北区块建设,使之成为展示我国城市更新成果的重要窗口。同时,加快大运河文化带规划建设,打造国际文化创意中心,塑造世界级文化地标,充分展现良渚文化、运河文化、工业文化和半山文化,使之成为展示中华文明影响力、凝聚力、感召力的重要窗口。[2] 2020 年,大运河国家文化公园杭州项目群 16 个项目开工,包括京杭大运河博物院等 5 个重点文化标杆项目。由这 5 个重点项目组成的大运河世界文化遗产公园,已被列为国家级标志性工程。

大运河国家文化公园不仅有物质实体层面的价值与意义,而且具有更为深刻的文化符号价值与意义。萨义德的《虚构、记忆和地方》曾专门论析

---

①　李永刚:《文化资本与浙江现代经济增长》,《财经论丛》2007 年第 1 期,第 1—8 页。

②　《大运河杭州项目群开工特辑 01:大城北中央景观大道》,2020 年 12 月 19 日,https://mp.weixin.qq.com/s/ZKRjFPo_QMy0LLdTlw3o3A,2022 年 12 月 20 日。

耶路撒冷的符号意义:"它是一个城市、一个概念、一部完整的历史,当然也是一个可以明确表现的地理位置,其典型的形象常常是圆顶清真寺、城墙以及环绕在橄榄山附近的房子的照片。当说到记忆以及各种各样被虚构的历史和传统的时候,它也是由多因素决定的。"①可见,风景并非只是与旅游经济有关,而是更为深刻地关联着民族记忆与民族尊严、声誉、神圣性等更为重大的问题。符号资本是将文化符号视为一种特定的经济要素,参与市场交换,即"文化经济"。

有人的地方才有文明,才有不同类型的文化,如果想要更好地为大运河国家文化公园提供合适且高质量的符号资本,那么人才培养绝对是必不可少的。京杭大运河杭州段风景名胜区的建设从一开始就贯彻了这种符号传播意识,并将之付诸实践。京杭大运河非遗文化传承活动每年都以不同主题、多样形式开展,内容丰富,精彩纷呈,最有代表性的譬如近年来每年都举行的"非遗进校园"活动。杭州非遗技艺匠人来到中小学,向同学们讲解竹编、油纸伞、活字印刷、石雕、冷瓷、植物染、剪纸等非遗技艺的历史文化,并现场示范。在非遗技艺匠人的教演下,同学们自己动手把竹片编成笔记本,剪出纸雕灯,在油纸伞上绘画,等等。这些活动的举办,使年轻一代进一步了解了非遗技艺的历史,了解了依托运河而生的老手艺,并且亲身体验制作过程,从而在进行历史文化传承的同时深刻体会中华文明的博大精深。2022年的非遗活动更是新招迭出,"遇见大美运河 共享精彩非遗"系列主题活动市县全面联动,既"从娃娃抓起",又深入市民日常生活,有助于为大运河文化的发展培养潜在人才,为大运河国家文化公园的发展建设浙江自己的人才库。

---

① 爱德华·W.萨义德:《虚构、记忆和地方》,W.J.T.米切尔:《风景与权力》,杨丽、万信琼译,南京:译林出版社,2014年,第266页。

3.4　大运河国家文化公园与杭州国际化消费城市建设

法国哲学家、现代社会思想家、后现代理论家鲍德里亚曾深入探讨过符号消费问题，其重要观点之一是，在消费社会中，人们消费的并非物本身，而是物品的符号价值，"一个物只有将自己从作为象征的精神确定性中解放出来，从作为工具的功能确定性中解放出来，从作为产品的商品确定性中解放出来时，它才成为消费物；如此，作为符号，它被解放出来，并被时尚的形成逻辑抓住，如被差异逻辑抓住"①。商品消费遵循的不是象征交换的礼物逻辑，不是使用价值的功能逻辑，也不是交换价值的经济逻辑，而是符号价值的差异逻辑，"它被消费——但（被消费的）不是它的物质性，而是它的差异（difference）"②。也就是说，商品需要个性化，进入系列之中，其意义来自与其他商品符号之间的系统性关系。举例来说，不同品牌的汽车在功能上并没有本质区别，区别在于借助外在装饰、广告等差异化的努力，从而给自身附加了一种不同于其他品牌的魔幻魅力，所谓品牌背后呈现的实际上是集体的无意识欲望，指向的是与众不同的生活方式与社会地位。也就是说，在如今的消费社会中，除消费产品本身外，消费者还消费这些产品的档次、格局、情调、美学、地位、生活态度等象征因素，即凝聚在符号产品上的意义，这种消费即是符号消费。

京杭大运河是世界上开凿最早、里程最长、规模最大的运河，至今已有2000多年历史，串起了北京、洛阳、杭州等古都，沟通了黄河、长江、海河、淮河和钱塘江，为古代中国的统一与持续发展，国家的经济发展、社会进步和文化繁荣做出了重要贡献，并为中华民族创造了丰富的物质和精神财富。到了今天，大运河仍在发挥着巨大作用。在长达 3200 千米的大运河沿线，

---

① 让·鲍德里亚：《符号政治经济学批判》，夏莹译，南京：南京大学出版社，2009 年，第49 页。

② 让·鲍德里亚：《物体系》，林志明译，上海：上海人民出版社，2019 年，第 213 页。

不仅分布着 27 处世界遗产河道和 58 个世界遗产点,涵盖了饮食文化、戏曲文化、工艺文化、民俗文化等各类非遗,还包含京津、齐鲁、燕赵、中原、淮扬、吴越等独特的地域文化,今天的大运河已经成为中华民族最具代表性的文化标识之一。在大运河蕴含的丰厚价值内涵被关注之时,如何保护好、传承好大运河所承载的优秀传统文化,并通过活态利用唤醒其当代价值,成为新的时代命题。如前所述,在消费社会中,人们消费的是物品的符号价值,承载着中国悠久历史文化的大运河,与文化的紧密联系使其天然地具有作为符号进行开发及传播的优势和价值。

2018 年 6 月 9 日,北京市文化局牵头,联合大运河沿线省市文化厅(局)共同主办的"流动的文化——大运河文化带非遗大展暨第四届京津冀非遗联展"在全国农业展览馆拉开序幕。活动场地包括 1 号馆、两场馆间的室外景观廊道和 11 号馆,主办方以"船、桥、岸"的脉络为主,呈现大运河沿线五彩斑斓的传统文化画卷,讲好大运河故事,深入挖掘大运河带丰富的文化内涵,进一步打造世界认可的国家文化符号。展览集合大运河沿线 8 省市及云、贵、辽、吉 4 省之力,充分展示了大运河文化带 8 省市山水相连、民和年丰的传统文化魅力。现场呈现了 12 个省市的优秀传统文化,地理区域包括东北、华北、华东、中南、西南。该展览是近年来北京市举办的规模最大的非遗主题活动。展览突破了以往以作品展示和技艺展示为主的常规展示方式,观众可以通过实物展陈、舞台演出、参与互动等方式观景、听音、闻香、触物。

1 号馆以"大运河上的文化传统"为主线,突出运河文化,突出非遗"传(传统,薪火相传)"的作用,展馆内依据大运河自南向北的流向顺序布置展陈,将非遗优秀的"人(传承人)、艺(核心技艺)、品(优秀作品)"作为重点展陈内容,与大运河文化带沿线各省市人文风物、自然环境相映衬,营造出大运河文化带非遗经典文化走廊景观。馆内展示了 8 个省市与大运河相关的具有地域文化特色的非遗代表性项目 58 项近 400 件(套)作品,且有 118 位传承人进行了现场展示。进入 1 号馆,首先看到的是一艘正准备扬帆起航的古船,大运河非遗之旅由此开启。浙江、江苏、安徽、山东、河南、河北、天津、北京 8 省市展区按运河流向依次排开。各展区通过虚实结合的方式,选取凸显地域传统文化特色的人文风物、自然景观等标志性文化符号进行场景呈现,营造出大运河沿线地区各具特色又相互联动的文化情境。其中既有耳熟能详的西湖龙井、苏绣、杨柳青木版年画、天津泥人张,也有不常见的木拱桥传统营造、蓝夹缬、雕版印刷、传统造船等技艺。大运河沿线地区的传统文化精粹聚集于此,静待观众欣赏。通过 1 号馆和 11 号馆之间的室外景观廊道,观众完成时空转换,走下运河之舟,穿过文脉之桥,踏上时代之岸。11 号馆以"大运河畔的文化传承"为主线,突出非遗传承,突出非遗"承(继承,一脉相承)"的作用,以京津冀为核心,展示各地非遗保护的丰硕成果,呈现京津冀三地文化同源、大运河文化带各省市齐心协力、非遗见人见物见生活的生动实践。

无论是非遗文化中的传统技艺、风土人情和价值观念等非物质构成,还是由文化构成的物质之果,均可凝练成为大运河国家文化公园的符号,并借由媒介之力实现其价值。

2019 年底,经国务院同意,商务部、外交部、国家发展和改革委员会、文化和旅游部等 14 个部门联合印发了《关于培育建设国际消费中心城市的指导意见》(简称《指导意见》)。《指导意见》提出,利用 5 年左右时间,基本形成若干立足国内、辐射周边、面向世界的具有全球影响力、吸引力的综合性国际消费中心城市,带动形成一批专业化、特色化、区域性国际消费中心城市。《指导意见》明确了 6 个方面的重点任务。其中提到,聚集优质消费资源,加快培育和发展文化、旅游等服务消费产业。推动消费融合创新,打造一批商旅文体联动示范项目,推动商旅、文体、游、购、娱融合发展。建设新型消费商圈,将中国元素、区域文化融入商圈建设,彰显中国特色。打造消费时尚风向标,整合城市消费资源,鼓励国内外重要消费品牌发布新产品、新服务,及时发布和更新旅游、娱乐、文化等消费信息。促进时尚、创意等文化产业新业态发展,培育一批有国际影响力的网站、期刊、电视、广播等时尚传媒品牌。加强消费环境建设,完善便捷高效的立体交通网络,畅通国内外旅客抵离通道。完善消费促进机制,稳妥推进教育文化、休闲娱乐等消费领域和相关服务业对外开放。借鉴国际通行做法,促进通关和签证便利化,扩大过境免签的城市范围,延长过境停留时间,优化境外旅客购物离境退税服务,促进国际消费便利化。

作为全面促进消费的举措之一,"培育建设国际消费中心城市"被正式写入中国"十四五"规划和 2035 年远景目标纲要草案。据不完全统计,中国有 20 多个城市提出要打造"国际消费中心城市",杭州就是其中之一。在这一大背景之下,如何做出自己的特色是各个城市所面临的核心问题。作为浙江的省会、大运河的南端起点城市,杭州应该而且可以很好地利用大运河丰富的文化资源和符号资源,将之融入国际消费城市的建设中,从而建成独具特色的运河城市。这一点,在国际上已经有比较成功的经验可以借鉴,比如阿姆斯特丹。

在荷兰首都阿姆斯特丹,纵横交错的运河水道和桥梁遍布整座城市,演绎着欧式的"小桥流水人家"。阿姆斯特丹共有桥梁 1600 多座,大大小小的运河河道有 160 多条,大运河宽敞而舒展,小河道纵横交错、井然有序,像世界上大多数城市内的道路交通,其河流面积远超威尼斯,数量远超我国江南的任何一座城市。这里的建筑极富多样性和时代性。不论是建于 12—15 世纪的运河沿岸的滨河建筑,还是以阿姆斯特丹中央火车站为代表的古典复兴建筑,抑或是以 EYE 电影学院、现代艺术馆、国家科技中心等为代表的现当代建筑,在阿姆斯特丹都有着一席之地,并以其独具特色的风格组成了阿姆斯特丹"一城多元"的建筑形态,涉及这座古城社会生活的方方面面。

运河游船项目在阿姆斯特丹历史悠久。无论日夜、一年四季,都有船游运河。其中包括 1 小时的观光游程、4 小时的烛光晚餐游程,亦有 1 日或 2 日的乘船旅行,游船可达运河的任一景点,成为游览这座古城最佳的交通方式,游船项目本身也就构成了阿姆斯特丹的文化消费符号。

"王子运河音乐节"在荷兰音乐界具有相当大的影响,音乐节为期 5 天,不仅提供了一个让荷兰音乐生命延续的方式,而且是许多新生代音乐人起跑的舞台。运河就这样悄然融入这座城市的符号文化消费之中,吸引着全国、全欧洲乃至全世界的消费者接踵而至。

位于巴塞罗那帕不利努附近的帕洛阿尔托市集是另一种将城市符号融入消费市场的成功例子。

帕洛阿尔托市场是一个由旧工业区改造成的艺术园区,在这里,原本老旧的厂房被保留下来,绿色藤蔓几乎覆盖了建筑的表面,小小的咖啡馆和工作室慢慢兴起,整个园区弥漫着强烈的文艺氛围。巴塞罗那各种市集本就琳琅满目,主题大多是二手复古、街头美食或手工制品,而帕洛阿尔托市集则给人一种集大成感,其有固定的时间和地点,于每月的第一个周末举行,且集创意市集、艺术展览、乐队表演和街头美食于一体,比一般的市集多了份精致感。此外,这里还有平日难以寻觅的诸多巴塞罗那本地独立品牌,商品品类繁多,风格独特,有手工巧克力、首饰、家居制品和室内装潢等。

新自由主义政策一直在推动像巴塞罗那这样的城市抛弃其工业化的过去,采取一种特殊化的方式改造城市,这种方式导致了强有力的地方蜕变,不仅在其生产性质上,而且在其城市结构上,创造了以市场为中介改造城市的社会性形式。从这个角度来看,古老的食品市场和其他新创建的食品市场是这些商品化行为的真正中心,成为最新的消费和休闲中心。帕洛阿尔托市集着力以先进而高雅的创新创造优美的社会和自然环境。强大的文化符号资源使其独一无二,渗透在产品与城市历史和环境的关系之中。帕洛阿尔托市集还充当着社会空间变革的先锋,它的周围环境正在见证这一变革。

2021年9月,江苏省举行第三届大运河城市文旅消费论坛。论坛以"创新文旅消费,赋能城市发展"为主题,邀请政府、学界、业界、金融界等领域嘉宾,聚焦消费新场景、产业数字化、运河与城市共生共荣等话题展开互动交流、思维碰撞。[①] 论坛发布了"2020—2021年度江苏文旅消费热力榜",扬州中国大运河博物馆、南京小西湖文化街区项目、连云港大花果山景区被评为江苏文旅消费人气打卡地,苏州姑苏区吴门桥街道横塘驿站项目被评为江苏文旅消费创新案例,溧水无想水镇城隍文化街区项目入选江苏文旅消费新场景。与会者热烈探讨了文旅融合如何助力消费升级,从文旅融合视角新解博物馆与所在城市的互动,文旅项目在地化与微更新,文旅产品的策

---

① 蔡阳艳:《以"文化＋"引领,用"＋文化"破圈》,2021年9月26日。http://www.jsthinktank.com/special/dayunhewenhualuntanjujiaowenlv/202109/t20210926_7247630.shtml,2022年12月28日。

划、执行与城市新地标打造等问题。论坛特别设置了案例分享环节，围绕沉浸式昆曲《浮生六记》、盐城荷兰花海、南京小西湖街区保护与再生、上海开心麻花剧院的沉浸式文旅剧本杀等项目，展示运河文旅消费项目的建设成果。这些新探索和新思考都将推动运河文化消费与符号经济的发展。

运河沿线城市不断探索将运河文化和符号融入"国际消费中心城市"打造的途径，争相推出各种举措，可谓八仙过海，各显神通。

为更好发挥消费对上海打造国内大循环的中心节点和国内国际双循环战略链接的基础性作用，做好疫情防控常态化下的促销工作，全力打响"上海购物"品牌，加快建设国际消费中心城市，上海推出"五五购物节"，打响"六六夜生活节""全球新品首发季""进口商品节"等一批标志性活动，支持鼓励各类市场主体举办各具特色、广大消费者喜闻乐见的促销活动，建立长三角联动办节机制，持续提升"五五购物节"的全球影响力和辐射力，将其打造成为上海建设国际消费中心城市、全力打响"四大品牌"的全球名片和标志性活动。上海着力扩大高端消费市场，支持品牌企业在沪开设更多高端旗舰店、体验店，支持国际品牌中国区总部升级为亚太区总部乃至全球总部。探索简化符合一定条件的季节性限定化妆品等产品的通关、商检和中文标签等方面的监管要求。创新进口消费品检验工作，对需检测的进口服装，根据企业申请，经风险评估后以符合性评估、合格保证等合格评定程序代替实验室检测。同时，上海还着力打造全球新品首发地，对符合标准的品牌首店入驻、首发活动、品牌首展给予资金支持，鼓励首发经济示范区出台相关支持政策，为国内外品牌首发、首展活动和首店入驻创造有利条件，支持打造一批新品发布地标性载体，支持首发经济引领性品牌进商场、上平台、进免税店。与此同时，上海还致力于提升本土品牌影响力，打造本土品牌推广平台，加大"上海制造"品牌宣传推广力度，对符合一定标准的本土知名品牌开展品牌建设给予资金、宣传资源等支持。支持老字号创新产品和销售模式，深化老字号与电商平台的合作；支持国资老字号开展体制机制改革，推进老字号核心优质资产证券化，利用多层次资本市场做大做强。另外，还大力促进大宗消费，开展新一轮汽车以旧换新，对个人消费者报废或转出国四及以下排放标准的燃油车并购买国六排放标准的燃油新车，给予适当补贴。推动本市新增公交、巡游出租车采用新能源汽车。扩大中高端移动通信终端、智能家居、服务机器人等信息产品消费。鼓励企业对居民淘汰旧家电、家具并购买绿色智能家电、环保家具给予补贴。

与此配套的管理也进一步加强：全面推进商业数字化转型，鼓励电商平台在流量和数据方面赋能实体商业，支持商圈、商街、品牌、商户开展数字化全渠道营销活动。依托"一网统管"平台，探索建设商圈公共信息服务平台，建立客流、消费等商圈公共数据服务体系。创建实体商业数字化转型示范区、示范企业和示范项目，对具有示范引领作用的项目给予支持。支持直播电商平台设立上海品牌专区，举办专场活动，发展直播电商消费新品牌。开展数字人民币应用试点，促进生活服务领域数字化，促进在线教育、在线医疗、在线文娱、线上旅游、无接触配送、无人零售等消费新业态新模式的有机融合、良性互动。支持餐饮、家政等生活服务数字化转型，发展覆盖居民"衣食住行娱"、基于地理位置的个性化本地生活服务。深化新一轮早餐工程建设，支持"新零售＋早餐服务""互联网平台＋早餐服务"等创新模式发展。支持建设线上线下融合，集安全、便捷、实惠、绿色于一体的智慧菜场。

在外贸方面，扩大以跨境电商为通路的消费品进口，多渠道引进国外优质商品和服务。根据各区域贸易和产业发展特点，优化扶持政策，支持市级跨境电商示范园区错位发展，打造特色商品进口集聚地，扩大化妆品、宠物食品、服装服饰、母婴产品等消费品进口。简化跨境电商进口商品备案要求，推广银行保函这一进口税款担保方式，持续提升贸易便利化水平。支持开设跨境电商线下体验店，促进线上线下融合发展。

在配套系统建设跟进方面，发展商旅、文体联动消费，整合全市重点会展场馆、商圈商街、旅游景点、文体场馆等设施的重大活动信息，完善交通组织、活动宣传、项目联动等配套方案，打造商旅、文体、吃、住、行、娱深度融合的消费场景和示范项目。深化体育消费券公益配送试点项目。推动短期入境外籍人员移动支付服务项目落地实施，完善和提升外卡收单受理环境和支付便利度。加强建设现代商贸流通基础设施，出台商贸物流基础设施体系规划导则。完善智慧商贸物流体系，深化物流标准化体系建设。优化区域物流枢纽、转运分拨中心、社区物流配送网点（前置仓）、末端配送设施四级城市商贸物流体系,加快冷链物流末端设施建设,加强智能取物柜等智能末端配送体系布局。与此同时,加大金融支持力度,鼓励金融机构加大对商贸行业市场主体特别是小微企业和个体工商户的金融支持力度,增加免抵押、免担保信用贷款投放。鼓励金融机构在依法合规、风险可控的前提下,规范创新消费信贷产品和服务,加大对居民购买绿色智能产品的信贷支持。

上海持续优化消费环境,推行首席质量官制度;推广长三角地区异地退换货服务;持续推进分餐制,坚决制止餐饮浪费行为;发布上海国际消费中心城市建设评价指标体系;整合各类传统媒体和新媒体资源,对促销活动、政策亮点、工作成效等进行多渠道、全方位跟踪报道,引导科学健康的消费理念,营造安心、放心、舒心、称心的消费氛围,形成全面促进消费的良好舆论环境。

上海为打造国际消费中心城市可谓全面总动员,各行各业、各级各类部门都通力协作。这种系统化的协作推进模式值得借鉴。

成都的做法也很有特色。成都不仅在深化供给侧结构性改革、增加品质化消费供给上发力,也在不断优化国际消费环境,培育与国际接轨的高端商品消费链和商业集群,有效激发消费活力,全面提升消费集聚和实现能力、消费配置和带动能力、消费创新和引领能力。

在完善支撑国际消费的供应链、服务链方面:2020 年,成都新开通 6 条国际定期直飞客货运航线,国际定期直飞全货机航线达 10 条,国际(地区)航线达 131 条,位居全国第 4 位;持续完善国际班列网络布局和境内外服务节点,连接境外 59 个城市,中欧班列(成都)累计开行量超 8000 列。在构建创新引领的消费政策体系方面:成都创新消费社会保障、消费金融和审慎包容监管,开展数字人民币等试点,优化“五允许一坚持”,激发消费市场活力;制订境外旅客离境退税便捷化服务项目方案,优化离境退税服务,离境退税商店数量达 149 家。在打造“成都消费”品牌节庆活动方面:成都持续策划开展贯穿全年的促消费活动,联动部门、区县、企业、协会推出“成都美好生活”系列夏、秋、冬主题消费提振活动,第 17 届成都国际美食节等“美食＋”“文旅＋”“直播＋”活动,推动消费市场回暖;实施“成都新消费·用券更实惠”活动,吸引 6 万多家商户参与,有效拉动消费增长。

2021年成都举行新经济"双千"发布会首场活动——以"会客全球　展链世界"为主题的产业功能区高品质会客厅专场在成都市青白江区的亚蓉欧国家(商品)馆盛大举行。当天,涵盖成都66个产业功能区的新场景、新产品清单正式"出炉",向世界开放300个成都未来的发展机会。其中,青白江区发布20个新场景、新产品。亚蓉欧国家(商品)馆签约33个馆,法国馆、意大利馆、德国馆等18个馆已开馆,搭建起共建"一带一路"国家商品展销、体验及文化交流的开放型双向交流平台。无疑,汇聚了各类优质商业要素和产业资源的亚蓉欧国家(商品)馆,已成为成都国际化高品质会客厅。当然,活动选择在成都国际铁路港举办,还有一个重要原因,即成都中欧班列的影响力和辐射力。成都中欧班列运行8年以来,带动了贸易、产业新格局的形成,经历了新冠疫情考验,逐步驶入高质量发展轨道,为对外开放带来新动力。

青白江区涌现的新场景、新产品并不拘泥于具体的行业类别,而是高度整合,促进资源要素跨领域流动,呈现出多元化、差异化的发展趋势。近年来该区结合资源禀赋优势,全面打造消费提档升级、供应链管理、智慧城市建设等领域的应用场景,加快培育工业互联网、亚蓉欧商品馆集群、我的田园等重点场景,推进政务数据共享开放、智慧政务、智慧社区、"城市大脑"等建设。这些新场景、新产品的应用已逐渐融入市民的日常生活中,可见、可触、可感。

在消费新场景应用上,青白江区也不只有亚蓉欧国家(商品)馆这一张名片,还有依托凤凰湖、龙泉山城市森林公园、城厢天府文化古镇等项目打造出的青白江旅游消费新场景。每年3月,凤凰湖的樱花盛开,成了成都的网红打卡地,游客不仅可畅游于绚烂花海之中,感受落英缤纷的意境,还可参与花朝节的一系列活动,如汉服巡游、才艺展示、角色扮演、文化创意集市……通过发展新经济来推动新旧动能转换、经济结构优化调整。同时,将发展新经济与"幸福美好生活十大工程"紧密结合,为市场主体创造蓬勃发展的新机会,为青年人才搭建筑梦圆梦的新舞台。青白江区已成功吸引壹云科技等26家新经济企业入驻,退役军人孵化园、区社会组织孵化园、大学生(青年)创业园也相继落户于此。与传统的创业园区相比,蓉欧新经济双创园专注于培育、扶持中小微新经济企业,以 5G、大数据、人工智能、区块链、工业互联网等新一代信息技术为手段,通过数字技术赋能传统产业,充分发挥数字经济在生产要素配置中的优化和集成作用。

成都国际铁路港以综合保税区、亚蓉欧国家(商品)馆、国际贸易产业园为核心,重点发展现代物流、国际贸易、保税加工三大主导产业,着力营造国际供应链场景。先进材料产业功能区聚焦高性能纤维复合材料及新型金属功能材料产业,以数字经济和科技创新为引领,打造先进材料的前沿科技研发、成果转化场景。欧洲产业城以智能制造和供应链管理为主导,全力构建适铁适欧、两头在外的产业生态圈,打造欧亚出口导向型智能制造场景。

成都以文化联结带动消费转型升级,以多元场景设计转型升级消费和贸易,激发新活力,这种新思路新模式对于运河城市群的联结发展也是一种启示。

杭州作为数字技术驱动的智慧型城市,在运河文化融合国际消费城市建设的探索中,也颇有亮点,特别是召开亚运会这一历史机遇更助推了杭州国际化进程,通过探索数字赋能、维权创新等手段,积极打造独具杭州特色的放心消费环境。同时推进各类运河文化工程项目,与亚运会相配套,进一步提升杭州和浙江的文化形象与文化符号的消费水平。

2020 年,杭州西湖边多了一只卡通小松鼠,这只松鼠成为景区放心消费代言者。走进景区商铺,人们总能在最醒目的地方找到它。与它一起出现在醒目位置的,还有"放心消费 无忧双西"智慧平台 2.0 二维码。2.0 版本在实现景区信息全覆盖的同时,增加了高效投诉、一键导航功能。杭州市目前共有争创放心消费示范街区(商圈)单位 17 个,从繁华都市到千年古府,杭州市全方位构建放心消费环境,文化形象得到进一步提升。

杭州市通过深化"枫桥经验"的"互联网＋"创新,与电商平台及企业深化"红旗渠"消费维权绿色通道建设,目前共完成与淘宝、天猫等 15 家电商(非现场)购物企业之间的消费纠纷绿色通道搭建。围绕武林商圈、杭州中国丝绸城、数字产业园等重点市场主体,以党建共建联盟为纽带,从线上线下购物消费着手,为消费者提供"前移式"维权服务、"菜单式"创新服务、"护航式"提升服务。作为桐庐县唯一的亚运会比赛场馆桐庐马术中心所在地,瑶琳镇正以"一点（运动小镇展览馆）、一街（仙境路）、一景（瑶琳仙境景区）、一基地（杭州霍普曼公司全域）"为重点，将亚运与旅游、放心消费相结合，努力为游客创造更放心的消费环境。

杭州市发布《建设国际消费中心城市三年行动计划（2021—2023年）》，锚定发展新坐标，立志建设成为立足国内、面向亚洲、辐射全球的国际消费中心城市。根据行动计划，杭州市将通过注入国际、时尚、智慧等元素，加快国际消费中心城市建设，分类培育休闲消费街区和进口商品特色街区，着力打造一批新消费商圈和新商业中心。为优化高端消费供给，杭州市将着力引进商业领域世界500强企业和国际知名商贸企业在杭设立全球总部、亚太总部等，增强杭州在全球中高端消费领域的影响力和话语权；大力建设夜间经济集聚的"夜地标"，打响"忆江南·夜杭州"品牌。为此，杭州提出将实施"五大工程"。

"欢乐购物在杭州"工程。提升"三圈三街三站"（三圈，吴山商圈、湖滨商圈、武林商圈；三街，延安路、南山路、东坡—武林路；三站，火车站、机场、地铁站）国际能级，加快建设武林恒隆广场、钱江新城江河汇、望江新世界、杭氧杭锅新嘉里中心等十大杭城新商业中心；推进清河坊、丝绸城、湘湖慢生活街等高品质步行街建设，打造面向全球新品首发、引领潮流的消费者乐园。

"畅快旅游在杭州"工程。精心策划三大世界遗产串联游、浙西唐诗之路精品旅游线路，加快推进大运河国家文化公园、世界爱情文化公园等重大项目建设。用好特色资源，充分发挥丝绸、茶叶、瓷器、中医药等传统文化的独特优势，深入挖掘历史建筑、文化、村落、民俗风情的人文价值，形成更多可看、可玩的消费体验点。

"舒心服务在杭州"工程。聚焦广大市民群众的关注点和烦心事，全面促进服务消费提质扩容。围绕解决"最后一公里"服务难题，整合社区、购物、家政、理发等服务资源，全面推进"邻里中心"等一站式生活配套服务设施建设；结合未来社区建设，打造"15分钟智慧便民生活圈"。鼓励健康休闲生活方式，建设一批艺术街区、特色书店、演出剧院等休闲娱乐场所；要大力培育体育健身、竞赛表演等业态，促进大众体育消费；发展美食经济，让知味杭州遍布街头巷尾、美食之城享誉世界各地。

"夜间消费在杭州"工程。促进夜间经济发展,鼓励开展夜游、夜购、夜宴、夜娱、夜市、夜学等经济文体活动,建设一批夜间经济积聚的"夜地标""夜生活 IP""夜生活网红打卡地"。统筹创建江河湖夜色金名片,打造一批"杭州人常来、外地人必到"的夜生活集聚区。要推动有条件的博物馆、美术馆、特色商业街区等延长营业时间,举办钱塘江夜游、杭州文旅之夜消费等夜间特色体验活动。

"放心消费在杭州"工程。规范消费市场秩序,建立全过程质量安全追溯体系;健全个人信息保护和消费评价制度,坚决打击网络刷单等黑色产业链;进一步完善免税退税体系,积极争取免税牌照,鼓励有资质的免税运营商在杭选址,布局市内免税店,创建离境退税示范街。

应该看到,如果将运河文化街区、社区和虚拟社区融入这五大工程之中,将更加有助于杭州国际消费中心城市的建设。

作为世界上建造时间最早、使用最久、空间跨度最大的人工运河,中国大运河拥有 56 项世界遗产点。其中,运河杭州段有 11 项世界遗产点。这些历史的遗存既连接着运河的命脉,又是杭州段大运河文化带中独特的风景线。杭州塘有"夹城夜月""陡门春涨""半道春红""西山晚翠""花圃啼莺""皋亭积雪""江桥暮雨""白荡烟村"等老湖墅八景;上塘河有风情小镇、古桥 5 座(东新桥、欢喜永宁桥、衣锦桥、桂芳桥和隆兴桥),还有翻水坝、皋亭坝和胜利河船闸;杭州中河—龙山河城市景观河道,沿河公园以水杉、垂柳、银杏、香樟等上百种植物共同勾勒完美的中河植物景观画卷;广济桥(通济桥)为古运河上仅存的一座七孔石拱桥;拱宸桥桥西历史文化街区见证清末民初杭州近现代工业发展的轨迹和不同时期的文化变迁;拱宸桥、凤山水城门遗址、富义仓、西兴老街码头与过塘行建筑群都保留着古老而丰富的运河文化符号。

杭州完全有优势和积累,以运河文化为独特底蕴,结合杭州当前的城市优势,打造出具有差异化的杭州国际消费城市符号,如浙商、网红等维度。

(1)具有独特气质的浙商精神

尽管中国自秦汉以来就形成了重农轻商、重本抑末的文化传统,但浙江长期游离于正统文化体制之外,处在中华文化的边缘地带。浙江是中国海岸线最长的省份,远离中原统治中心。海洋文明求新求变的特质加上受到程式化的中原文化影响较少、较迟,浙江人的性格中始终张扬着或至少是潜藏着创新开拓的精神或文化因子。因此,浙江的文化资本从本质上归属于地理文化中的海洋文化和历史文化中游离于庙堂文化(齐鲁文化)之外的吴越文化。吴越文化的气质相较于近邻楚文化的刚烈则显得阴柔绵长,没有明显的棱角和显露的锋芒,它首先寻求的是适应、理解与相互沟通。平和柔顺的文化造就了繁华的商业文明。早在吴越时期,浙江就有许多商业活动的记录。浙江人向来悯商重贾,在他们的文化体系中,做官显然不如从商。从商是浙江人的职业偏好,同时他们也深谙交易生财之道。长期经商又导致了一种路径依赖。在思想领域,浙江出现了以叶适、陈亮等为代表的浙东学派,主张义利并举和工商皆本。

这种繁荣的地域性商业文明与浙江的地理因素密不可分。河网密布、舟楫相通,为小农商品经济的发展提供了运输与交往的便利。在农业自然经济时代,人们为耕作便利而傍依土地水源的自然分布,形成离散的空间居住格局。要形成繁荣的商品集市交易,必须有人员和货物跨越空间距离障碍的方便条件和手段。小农商品交易的品种稀少、方式简单,价格协商和交易执行等其他成本耗费微薄。小农经济时代商业交易活动对交通运输条件的依赖性,决定了中国古代大部分重要的商业城市都紧连着主要的江河水道,水上航运有载运量大、方便省力等陆路运输难以比拟的优点,为商客来往和货物运输提供了便利。自近代铁路出现以后,水路航运的优势消失,经济发展和商业交易对铁路的依赖性增强。浙江历史上繁荣的商品交易活动与密的河网水道、穿梭不息的船踪桨影有着直接的内在关联,如绍兴地区历史上手工纺织、酿造业十分发达,商业集市交易活动非常活跃,除了其他因素外,四通八达的水道和频繁来往的乌篷船起了很大的作用。由此可以说,正是河流或者说是运河使浙江这方土地的小农经济得以萌芽,小农经济在历史的长河中逐渐发展延续,凝结成独特的浙商精神。

在经济体制转型时期,经过一段时间的沉寂后,浙商精神再次绽放光芒,彻底唤醒了浙江人从事商业活动的记忆。精神文化资本是改革开放以来浙江成为民营制度创新活跃地区，并在地域竞争中取得市场化先发优势的重要原因。从自然资源禀赋、初始资本存量、外商投资规模、人力资本条件等方面来看，浙江与周围地区相比本是不具有优势的。然而在其独特的精神禀赋和文化理性推动之下，浙江经济快速发展。改革开放以来，浙江是中国经济增长最快的省份之一。浙江传统的社会文化则是一种更富于商业特色的文化，浙江人自古以来就头脑精明、处世灵活，偏好商业和手工艺。

犹太民族擅于经商的精明商人形象深入人心，在很大程度上与西方文学对其形象的书写密不可分。浙商的精神、浙江商人的精神气概建构，也可借鉴此历史经验，利用新媒体树立浙商正面形象，并在国内外的社交媒体上进行传播，以提高浙商文化和浙江企业在国内外的认可度，进而打造杭州作为浙江省会城市的国际化消费城市形象。

（2）借网红经济促进文化传播

网红经济是一种诞生于互联网时代的经济现象，网络红人在社交媒体上聚集流量与热度，形成庞大的粉丝群体，网红经济即是对粉丝群进行营销，将粉丝的关注度转化为购买力，从而将流量变现的一种商业模式。作为互联网时代的产物，中国的网红经济在发展中迎来了爆发点。由于具有利于网红经济发展的生活和人力成本、货物供应链、营商环境及快递服务，杭州成为最适宜发展网红经济的城市之一。同时，杭州市政府人才扶持的激励制度为其带来了更多的直播人才，且使这座城市成为年轻人口流入最多的城市之一。据《2021 年杭州市政府工作报告》：2020 年杭州新引进 35 岁以下大学生 43.6 万人，人才净流入率继续保持全国第一。[①]

网红经济飞速发展。尽管网红门槛低、虚假商品信息传播和相关部门监管制度不成熟等因素，造成了部分大众对网红的负面印象，但网红作为互联网时代具有影响力的人物，是可以发挥正面作用的。例如网红李子柒，她将传统文化和田园生活拍成视频上传网络，引发了海内外网友的关注，并引发国外民众对中国田园文化的向往。

---

① 《2021 年杭州市政府工作报告》，2021 年 2 月 9 日，https://www.hangzhou.gov.cn/art/2021/2191art_1229063401_3844551.html，2022 年 12 月 30 日。

借由这种在国内外社交媒体上具有广泛影响力且传播具有文化内涵的信息的网红,可以促进运河文化的传播。例如,通过短视频等形式,对杭州段运河沿岸美食的制作方式和历史进行传播,以这种与大众更加贴近的宣传方式,介绍与杭州美食息息相关的风土人情和物产资源,吸引国内外民众前往杭州进行探索。

政府可以政策激励的方式鼓励文化传媒公司或网红个人着力打造包含浙江、杭州、运河文化符号的内容,如以西湖、拱宸桥历史文化街区等运河文化符号为直播带货背景,以运河非遗建筑项目主要节点为场景,定期或不定期举行网红聚集活动,等等。在政府官方传媒和文化演出主渠道之外,形成更为亲民的文化产品,打造杭州国际化消费城市符号。

3.5 大运河国家文化公园的浙江"空间生产"与共同体诉求

随着城市空间生产的进行,空间维度已成为社会正义的重要内容,也参与到社会运动中。

资本让社会空间不断变动,加剧了空间的不平衡发展。空间不平衡集中体现在城市空间上。城市空间变成空间生产的主要场所,推动着人类社会由农业时代走向工业时代和城市时代。虽解放了农村生产力,但加剧了城乡贫富差距;虽推动了人口城市化,但破坏了原有的田园生活。空间对立既呈现为资本控制的中心和边缘的全球两极空间结构,又呈现为农业文明和工业文明的空间对立格局。资本主义抽象空间的前提是金融、媒介、交通设施等构成的社会空间结构,当然蕴含商品生产及运行机制。空间生产与伦理既能契合,又能相悖:空间生产契合于伦理,是由于空间生产能提高公民的生活水平;空间生产相悖于伦理,是由于空间生产把创造财富和取得利润当作目标,而忽视了美好生活的建构。因此,空间生产应当把创造财富或取得利润当作手段而不是目标。空间革命即是生产出新的空间形态和空间关系,建立新的空间伦理。为了倡导平等正义,马克思主张对日常生活空间进行变革,倡导建立充满诗意和生动形象的真实日常生活。

在马克思看来,日常生活微观领域隐含着深刻的变革力量,从一个小事件就能得出深刻的规律性认识。这样,日常生活中的小事件就不仅是个人的微观事件,而且是宏观的社会事件。总之,日常生活蕴含着丰富多彩的内容,不仅值得关注,而且隐藏着革命的要求。日常生活空间充满了异化,消解了革命积极性,要实现人的全面发展,必须清除空间异化。马克思要求消除空间霸权带来的空间割裂,扩大人的空间交往范围,阻止私有制的扩张,达成无产阶级的空间政治抱负。无产阶级要实现空间生产的公有化,节制资本权力向社会空间扩张,增强空间公共服务的针对性,建立正义性的空间形态。

列斐伏尔继承了马克思的社会空间现象批判,并在海德格尔日常生活范畴基础上,对社会空间做了政治经济学批判。他又凭借美学和社会学考察社会空间,把前人和自己的批判方法运用到空间批判中。因此,列斐伏尔的日常生活批判和社会学分析便成为他空间生产批判的思想溯源之一。列斐伏尔理论的独特之处就是发现了空间生产对资本增殖的作用。空间生产不仅是地理学范畴,而且是社会学概念;它不是抽象的精神建构,而是动态的资本秩序;不仅是生产的对象和目的,而且是生产本身。《空间的生产》就是巴特"符号分析学"的进一步深化和扩展。巴特为列斐伏尔空间生产批判提供了符号分析逻辑。他沿袭了马克思的资本批判方法,把空间建立在特定的物质资料生产方式之上。空间生产标志着新的资本增殖手段的形成。商品拜物教凭借媒介技术的进步转换为象征意义的空间拜物教。空间生产的运行逻辑由空间中的物品转化为空间本身。资本的运作不仅在飞速进行,而且在扩大自己的范围。也就是说,资本的增殖不仅依靠提高时间效率来实现,同时也依靠空间的扩展来完成。列斐伏尔扬弃了传统的空间范畴,声称空间是社会性的。空间既是工具又是产品,社会空间的生产就是空间被规划、建设、制造的实践过程。社会空间是物质资料生产实践的结果,但"这个事实却未获认知,社会以为他们接受与转变的乃是自然空间"[①]。社会

---

① 亨利·列斐伏尔:《空间:社会产物与使用价值》,包亚明编:《现代性与空间的生产》,上海:上海教育出版社,2003年,第48页。

空间包含三重性质:空间实践、空间表征和表征空间。空间表征是能够被感知的精神性空间,表征空间是能够被规划的符号空间。空间生产的矛盾就是社会关系的矛盾,空间生产的不公平就是社会关系等级造成的空间资源分配的不公平,空间变革就是变革社会空间中的生产关系。空间生产让自然空间变成社会空间,让资本由生产逻辑转向消费逻辑。空间生产充当资本增殖的内在推动力。资本形成了影像—消费—生产—再生产的模式。资本主义凭借科技的发展延续生产。由此,科技变成了经济的引擎。公民应该积极争取公平使用空间的权利,勇敢面对空间生产的异化现象。列斐伏尔坚信,公民的自由和解放是总体的,而不是片面的。空间生产批判理论的宗旨是倡导差异空间的生产。差异空间将变革平庸的日常生活空间,将公民从物化现象中解放出来,复归真实的社会生活。差异空间要求差异权利,差异权利实现的前提是诗性、艺术革命,而不是阶级革命。

列斐伏尔阐释了空间演进的逻辑进程,从而提出了"空间的三阶序列"。他阐释了空间生产演化发展过程中的 3 个阶段。空间生产在最初时遵循的是自然规律。在农业社会,空间生产只能凭借手工的方法,带来的是赝品。工业社会的空间生产遵循的是市场规律,凭借机器化的生产方法。这时,原件的地位还是很重要的。机械化生产带来了名目繁多的空间产品。此时,原件被复制品替代。空间生产在当代遵循的是结构规律。在网络化时代,任何空间都能被编码为符号。空间的编码带来的是象征意象。"仿真式"的空间出场,并占据舞台的中心。此时,原件已经消亡,空间不需要原件就能生产,由此造就了符号的时代。

社会空间是充满政治权力的体系,让人成为被监视的对象,受特定权力场域控制。发达资本主义制造了虚假需求,制造了满足虚假需求的工具,用虚假意识控制民众思想。资本主义城市空间不断引发社会矛盾和不公平现象,要实现空间正义就要变革城市空间制度和空间生产模式。无产阶级要实现个人空间利益和集体空间利益的统一,优化空间分配机制,保障空间生产主体的自主选择权。政府对都市空间的改造不应该图经济利益,而应该全力为居民提供便利的居住条件。我们需要改革现存的社会空间结构,让大众自发产生自己的需求,用新的技术理性激发人的想象力,限制科技的滥用,让科技为人的解放服务。当资本主义社会关系已经成为新空间产生的绊脚石时,要生产新空间就必须打碎旧的资本主义社会关系,革新的重点在于使城市生活空间挣脱资本生产关系的纠缠,由全体市民来进行空间规划以及空间生产。依托"大运河国家文化公园"理念进行现代都市建设,就是进行都市革命,以建立具有差异化的空间和构建空间的平等。在这个空间中,处于主导地位的不再是资本主义消费关系,而是以创造和生产为起点的、有利于人的全面发展的社会主义生产和消费关系。

"大运河国家文化公园"理念也包含了完善空间生产与追求空间平等的诉求。浙江着力在大运河空间设计与利用方面开创新局面,将空间平等与共同富裕的目标结合起来,凝聚浙江文化共同体。

社会空间大体包括空间实在、空间经验、空间概念与空间实践 4 个方面。社会空间是自然空间的人化,体现了人类对自然空间的改造。自然空间无限广大,是人类生产活动的基础,也是社会空间的基础。马克思将目光从抽象的空间概念移向具体的社会空间和日常生活,认为社会空间本质上是一种社会关系。社会空间及其各部分都成了资本的组成部分,以资本为核心构建了各类社会关系。在他看来,社会和空间是互相生产和形塑的关系,空间构成社会关系,社会关系界定空间。社会空间秩序来自空间生产,空间与社会是互动机制,空间的物理性和社会性也是交融的。空间是日常存在,没有形状色彩,却时刻与人们的存在联系,是多重的范畴。"就像其他事物一样,空间是种历史的产物。"[1]空间是社会的镜子。空间断裂处的社会意蕴和资本逻辑之所以能被呈现出来,是因为社会化背景下碎片空间承受着普遍而深刻的控制。空间分化让人虽然身居故乡,却有着异乡人的感觉。"人类本身的发展实际上只是通过极大地浪费个人发展的办法来保证和实现的。"[2]空间生产压制了时间,让时间成了空间界限,将生产关系推进并激活了城市化。

---

① 亨利·列斐伏尔:《空间政治学的反思》,包亚明编:《现代性与空间的生产》,上海:上海教育出版社,2003 年,第 62 页。

② 马克思:《资本论》,北京:人民出版社,2018 年,第 103 页。

社会空间始终担负着多重任务,将生产、消费、政治、社会关系连接了起来。社会空间和社会关系、生产过程紧密结合,空间就是社会秩序,是自然空间社会化的结果。自然空间只是场地和区域,更多的是自然属性。空间生产是对空间事物和空间本身的排列组合,而不一定是生产新事物和改变事物属性。社会生产系统的空间结构是当代发达工业社会的核心要素,是社会批判的焦点。国家权力凭借城市基层社区组织渗透进人们的微观日常生活,引起社会空间形态变化,让都市不再是政治经济型都市,而是呈现着文化象征意义的都市。

大运河浙江段的河道长度、遗产点数量、遗产区面积等都在中国大运河世界文化遗产中占有较大的比重,共有 11 个河段 280 多千米河道,13 处遗产点和 18 个遗产要素被列入世界遗产名录。大运河浙江段流经杭州、嘉兴、湖州、绍兴、宁波 5 市的 20 多个区县,沿线的建设、交通、商业、生产活动与运河密切相关,且历史风貌和传统格局保存完好的运河城镇有 22 个,运河村落有 3 处。这些城镇、村落不仅保存了与运河密切相关的城乡历史文化聚落,如城墙、城门、历史街区、建筑群落等,而且保护并传承了珍贵的运河文化,其中多个已被纳入历史文化名城、名镇、名村的保护范围,以保证其真实性、完整性的延续。同时,大运河沿线的杭州运河元宵灯会、宁波妈祖信仰、湖州含山轧蚕花、嘉兴三塔踏白船、绍兴背纤号子,以及湖笔制作、黄酒酿造等传统活动、文化和技艺也得到了持续性传承。

浙江省早在 2008 年就启动了大运河浙江段的非遗资源调查和保护规划编制工作,为运河文化带的建设打下了基础。为了加强大运河世界文化遗产保护,浙江省出台了全国首部运河保护条例《杭州市大运河世界文化遗产保护条例》,为运河文化带建设提供制度保障。成立了中国大运河文化带建设浙江城市协作体,探索建立了沿线城市共建共享大运河文化的体制机制。自 2016 年起,每年在杭州举办中国大运河国际论坛,推动中国大运河文化遗产的可持续发展。

在运河环境风貌的保护和整治方面,浙江严格管控大运河沿线各市、县的城镇建设项目,积极开展运河沿线城镇、乡村航道两侧的环境综合整治工作,努力展现运河两岸原有的历史环境风貌。结合"五水共治"工程的推进,运河沿线地方政府认真落实保护管理责任,采取了截污纳管、工业污染整治、农村农业污染防治、河道综合整治等措施,使运河水质得到了全面改善,生态建设成效显著。

浙江省对运河文化遗产和生态环境的保护,为差异化空间的建立提供可能,基于良好的生态和人文环境,以杭州为代表的浙江城市可从虚拟社区的构建入手,实现空间平等。

空间生产并不仅仅是一种思想实验,也是一种空间实践案例分析。它在宏观维度表现为对空间生产过程的考察,在微观维度表现为对区域或社区的个案分析,让社会空间具有了本体论的意义。作为京杭大运河的起点之一,杭州市也致力于将运河杭州段建设成为一个新的生产空间。京杭大运河过余杭塘栖进杭州,经过拱墅区,由三堡船闸汇入钱塘江,大运河杭州段全长 39 千米,在数千年的发展中为沿岸的空间建设带来了丰富的物质基础——各色物资物产、衣食用品,各地的文化风俗,等等。进入 21 世纪,在"互联网＋"模式的推动下,京杭大运河杭州段这一地域空间成为国家 AAAA 级风景名胜区,2014 年更是成为中国第 46 个成功入选世界遗产项目的风景名胜区。为了更好地提供旅游服务,在空间规划上杭州市政府可谓煞费苦心。京杭大运河杭州段风景名胜区两岸已形成一条以自然生态景观为核心主轴,以历史街区、文化园区、博物馆群、寺庙庵堂、遗产遗迹为重要节点的文化休闲体验长廊和水上旅游黄金线。景区核心范围为三大街区、四大园区及博物馆群。三大街区为桥西历史文化街区、小河历史文化街区和大兜路历史文化街区;四大园区为运河天地、运河天地文化艺术园区、浙窑公园和富义仓;博物馆群包括中国伞博物馆、中国扇博物馆、中国刀剪剑博物馆、手工艺活态馆和杭州工艺美术博物馆。

这样的布局不仅使空间资源利用合理化、绿色化,也有利于实现经济效益的最大化。比如于明朝时期开始逐渐形成的桥西历史文化街区,林立于拱宸桥西边,有幸见证了这围绕运河而展开的杭州近代工商业如火如荼的发展之势。这里传统民居建筑保留完好,犹如被后现代水泥高墙包围起来的世外桃源。因此,2007 年桥西历史文化街区荣获建设部颁发的"中国人居环境范例奖"。除此以外,桥西历史文化街区还保留了近代工业发展遗留下来的痕迹——旧工业产房。为了使历史文化街区更好地为后人所知,获得新生,杭州市政府允许景区在保留街区原貌的基础上引入工艺美术博物馆群,重制旧物。因此,来到这里,游客不仅可以欣赏到近代商业街的景致,还可以进入博物馆,身临其境一般,直接与那个时代闻名四海的手工业制品来一个近距离接触。这一空间设置不仅保存了古迹,而且吸引了众多对中国近代工业发展感兴趣的游客,大大增加了景区的客流量。桥西历史文化街区在 2011 年就已被商务部授予了"中国特色商业街"的称号。

实现空间平等离不开一类特殊人群的加入,那就是外来人口。据第七次全国人口普查,浙江省的常住人口在 10 年间快速增长,达到了 6456 万。其中,外来人口占有相当大的比重。他们大多数受教育程度、职业期望值、对物质/精神享受的要求都较高,被剥夺感、不公平感和对居留城市的期待感较强。外来人口对城市的建设有着不可或缺的作用,构建空间平等,打造以运河文化为依托的国际化消费城市,也离不开对外来人口归属感问题的解决。单纯依靠政府机构、社会组织和政策法规,仅能推动表层的社会融入。要实现深层理念与意识层面的社会融入,难以离开符号生产者和传播者——大众传媒发挥的社会整合功能。因此,可通过虚拟运河社区的建设解决外来人口的社会融入和心理健康问题,让外来人口与本地人一起融入对运河文化和现实运河社区的建设之中。

虚拟社区的概念最早出现于霍华德·莱茵戈德所著的《虚拟社区》一书中,其被界定为互联网上出现的社会集合体,在这个集合体中,人们经常讨论共同的话题,成员之间有情感交流并形成人际关系网络。后来,虚拟社区这一术语被用来概括网络空间聚集的人群以彰显其社会学的意义。

在以参与、互动为特征的虚拟服务盛行的"互联网+"时代,虚拟社区活动日渐丰富。通过引入虚拟运河社区的建设和服务模式,可进一步优化城市空间设计,提高外来常住人口的城市融入度和社会建设参与度,以及其与运河本地居民的互动和融合程度。可通过手机 App 建立起一套虚拟社区生态系统。

虚拟社区 App 以个人等级升级作为激励机制,升级的积分来源于知识、技能提升考核奖励以及社区实践等任务奖励。技能、知识传授者可通过教授他人获得多倍积分,完成运河模块相关任务也可获得多倍积分。可从运河文化中提取相关符号,进行 App 视觉效果设计。提升个人等级可以获取积分,解锁更高级的任务、高级兑换奖项、新功能模块等。App 任务及活动整体采用线上线下结合模式,在距离、时间等允许的情况下多采用线下模式。此外,App 采用实名认证,并与个人信用挂钩,以防不法分子扰乱社区秩序、危害社区和谐。

浙江外来人口很多,他们需要融入城市社会,需要不断积累自身经济、社会、文化等客观资本。通过参与运河文化虚拟社区建设,外来人口与运河本地住户一起,可从多方面、多渠道完善虚拟运河社区 App。虚拟运河社区 App 采用升级模式和奖励机制,提高用户黏性,任务区的多种划分有利于使用者寻找自我发展前景与方向,同时,通过知识与技能的积累提升个人文化资本。虚拟运河社区 App 也设置好友系统、社区建设和敬老活动等功能(如表 3-1 所示),以提高居民的城市融入度以及社区的和谐程度,对城市空间平等的构建,将会起到极大的推动作用。

表 3-1　虚拟运河社区 App 系统设置

模式	功能		
日常模式	个人	个人提升	运河技能学习馆
			运河移动图书馆
		社会交往	运河好友系统
			运河公众论坛
	社区	运河社区建设	
		运河敬老活动	
活动模式	运河模块	运河知识学习、竞赛与传播等	
	运河××集市(以集市的具体主题进行命名)	运河文艺表演、地摊和社团招募等	

4

大运河国家文化公园的场景传播

4.1　场景传播:运河文化传播的结构性视角

本书使用"场景传播"一词作为考察运河的文化建构机理及传播机制,这就使文章所说的场景具备超空间特性以及鲜明的文化指向,也暗合着场景所具有的美学倾向以及数媒时代的虚拟性想象。

场景传播是由场景与传播 2 个概念交迭而成的。场景指向于空间与时间经纬交织的四维度固定点,它可由视觉化的形象加以说明。传播意味着经由介质而扩散的现象,即伊尼斯所谓媒介的发轫、流布、变异、互动、特质、偏向。伊尼斯在《帝国与传播》中说:"文化在时间上延续并在空间上延展。一切文化都要反映出自己在时间上和空间上的影响。"①"一个成功的帝国必须充分认识到空间问题,空间问题既是军事问题,也是政治问题;它还要认识到时间问题,时间问题既是朝代问题和人生寿命问题,也是宗教问题。"②

---

① 哈罗德·伊尼斯:《帝国与传播》,何道宽译,北京:中国人民大学出版社,2003 年,第 113 页。

② 哈罗德·伊尼斯:《帝国与传播》,何道宽译,北京:中国人民大学出版社,2003 年,第 25 页。

传播有偏向空间的传播与偏向时间的传播,前者如纸质书籍,后者如石刻。偏向空间的更趋向分散与民主,而偏向时间的则更趋向专制。也就是说,媒介在时间与空间的分布上有侧重,而不同侧重则形成了社会性质的差异。媒介的特性调整了人与周围环境的关系。场景在当下的解释则意味着被赋予了意义的时空呈现,是在彼此的关系变化中体现文化的一种传播方式。

4.1.1 时空观念的变化:场景传播的归因

在对世界的把握中,人的主体性在不断地渗入,对时空的把握也由绝对的时间到相对时空,从媒介时空再到场景化时空。

由绝对的时间到相对时空既是科学发展得出的结论,也意味着在物理空间之外必须加入时间的影响,这一结果符合人的感知特点。从媒介角度来看,伊尼斯的偏向理论认为,媒介只能占据物理空间或者时间维度,从而引起传播发散形态的差异,但是伊尼斯可能没有意识到媒介对物理时空的改造。由于人个体意识的加入,时间的计算方法失去了客观性。也就是说,媒介时空是对相对时空的再次转译。媒介时空的主导性使时间维度上能容纳另一个时空,或空间维度上能容纳另一个时空。比如:电视是一个具有空间偏向的媒介,但其内容却是其他时空的纳入;广播是一个具有时间偏向的媒介,但是它却试图让空间展开。技术的发展使媒介具有了压缩时间的可能性:一个芯片,可以纳入千万个文本,文本是时间向度的呈现。通过文本的容纳,当代媒介能把时间压缩到极小的体量。电脑与手机媒介的空间化偏向更为明显,首先它把时间空间化,屏幕上,多个时空都被包括进来。因此,当代媒介是通过空间性来承载时间性的,这实际上形成了场景时空。

场景传播具有 2 个特质:

第一,场景是空间偏向的媒介,是对时空的扁平化与形象化,而时间性显示不需要做转场或者淡入淡出的处理,历史直接进入现场。因此在一个场景中,场景是多维度时空交叠与并置的结果,社会真实成为整体朦胧而抽象化的存在。

第二,场景这一传播媒介是让人"退化"的媒介。越是接近现实的媒介,越是让人"退化";越是与现实抽离的媒介,越是让人"进化"。文字比图像更具有抽象性。而场景却是视觉化媒介,它调用了视觉的功能,让人离开对文字符号的转译,直接进入现场之中,在这个意义上,它是让人"退化"的。

4.1.2 故事与情绪:场景传播的机制

场景是从背景中浮现出来的短暂的空间样态,所以历史性被重新建构了。场景是片断的,是历史岩层切面的总合。场景传播不追求历史的真实性,而在于为特定时空塑造功能与意义。在塑造运河遗产的真实性与实践性过程中,场景的突出使其真实性被搁浅了。

由于技术提供了场景设置的极大自由,数码技术、造景技术可以使空间随意转换,在历史经线上的物理空间景观被切割、改变、嵌入,当下的空间成为一个被悬置的空间。传播营造了主客体混合的空间,时间被压缩为一点。在这种情形下,我们进入场景不是为了凭吊,因为凭吊时被呈现图像的空间与观看的空间是平行的。被呈现图像代表着过去,并以不在场的方式建构了对象的存在方式,"观看者站在现在的点上向过去追忆,观看的意义正是在此。流动的摄影图像改变了这一局面,使得不在场与在场得到对接。虚拟现实则走得更远,它是一种变形的空间,它不处于现实的空间结构之中……图像不再是封闭的观看客体,而对主体打开了"①;图像由"召唤模式"转为"纳入模式",观看主体与客体都向前走了一步,降临到一个异次元空间,或者说,主体与客体共同创建了这一空间。梅罗维茨认为,由媒介造成的信息环境与人们表现自己行为时所处的自然环境同样重要;在确定情境界限时,应把接触信息的机会考虑进去并当作关键因素。梅罗维茨还认为,电子传播媒介促成了许多旧情境的合并。②

因此从场景的作用来说,场景提供了中景的主体活动,也构成背景的符号交代。场景与主体同时构成了内容,场景也提供了意蕴与氛围。因此,制造场景,也就是在陈说故事;塑造场景,也就是在酝酿情绪。一切都是以主

---

① 沈珉:《视觉文化视阈下 AR 图像传播的本质、特征及运用分析》,《中国出版》2017年第 8 期,第 39—40 页。

② 参见约书亚·梅罗维茨:《消失的地域》,肖志军译,北京:清华大学出版社,2002 年。

体为中心展开的设置。西方学者说过,人的存在价值在于他有记忆。中国有漫长的农耕文明,乡村是国人生存的基本环境。相对于乡村,城市一般被理解为异化的空间,有更多人为的痕迹与抽象的架构。有关历史的记忆多半是属于乡村的,所以当城市人到达乡村之后,遥远的历史记忆才会被唤醒。因此,运河场景是类似于传统农耕文化场景的。运河场景传播的机制就是通过故事传达与情绪唤醒来增强主体的体验感与精神上的认同感。它符合后工业时代的要求,是以体验建构起来的机制。信息的交换不是为了满足返回过去的冲动,而是为了让过去贴近当下的需要。

4.2 运河场景建构框架

运河是连接自然水道的人工河。作为景观来看,它只是有长度的水域。出于连接水道的需要,运河上要有水工设施,如桥、码头、船闸、纤道等。出于其挖掘目的的要求,运河上相隔一定的距离需要设置码头与集镇,以保证运河船只上人员的物资供应与生活。

运河存在内在的时空系统与外在的时空系统,这样就建构了两个场景系统:一是运河水域内部的场景;二是运河外部的场景。内部的场景,即运河的水工设施以及船运、船民相对独立的社会与生活系统。外部的场景,则是运河沿岸的集镇分布与社会生活景观。

在运河内部系统中,我们聚焦于运河的挖掘、疏通,水利设施的建设,及它观念性存在物的对应。比如运河存在着内在的时间节奏。运河一线市镇的选址,有时并不因为此地物产丰富才选择其作为码头,而是因为在航运的一定时间间隔后船必须在这里停泊。因河而兴,因河而废,就是这个道理。运河包含着自己的意象,作为遗产的运河,作为生活过去的、现在的与未来的共存物,它有自己的独特感知方式。按具身感知的说法,顺着运河船只航行的方向向前眺望的时候,是未来的,相反的方向就是过去的。因此人们容易注意到运河水的存在,水是永恒存在,同时人们又易感叹历史的变迁,相对于水来说,人的存在太过短暂。运河的存在也是对时空的挑战。既然水是一直在流淌的,"那么在时间中偶然形成的空间——比如河岸与源头——是河之流淌的一部分? 既然处在不断的自由中,那么能说河有一个受限制的空间背景吗"①。我们极目之处,所见的空间也处于不断的变化之中,切入一个截面,它也是时间堆积、变化的产物。用顾颉刚所说的断层法,总能探究到它的底层去。这就是运河看着空荡但又内容满满的原因。

运河场景的特殊性在于它始终处在内在系统与外在系统的交叉处。如果这两个系统不发生交流,运河文化传播的特殊性也就无法表现。运河场景的特殊性就在于这两个系统之间的互动与交换,这形成了运河特殊的场景建构。

就浙江省的运河场景总况来说,浙江水域分成钱塘江水域和瓯江水域。浙江省的运河主要在钱塘江水域,它连接浙江的太湖平原、杭嘉湖平原以及宁绍平原,由西向东分别有三大板块。第一个板块是太湖平原的"百尺渎",由太湖而直接通向钱塘江。《越绝书》记载:"百尺渎,奏江,吴以达粮。"第二个板块主要是浙西运河,又称为江南运河,是指临安府北郭务至镇江江口闸的一段,江南人民俗称江南运河为"官塘河""官河"或"官塘"。这条运河占有举足轻重的地位,时人言:"自临安至京口,千里而远,舟车之轻从、邮递之络绎、漕运之转输、军期之传递,莫不由此途者。"②现今江南运河从苏州入浙江,在平望镇分有东、中、西三线。东线是古运河线,从苏州平望经盛泽、王江泾、嘉兴、石门、崇福、塘栖、武林头到杭州;中线为目前的主运河航线,从苏州平望经盛泽新城、新塍、铜罗、乌镇、练市、新市、塘栖、武林头至杭州;西线称东方莱茵河,从苏州平望经震泽入浙,途经震泽、南浔、湖州、菱湖、德清、武林头至杭州。在这片区域里,集中了江南数量最多、最著名的水乡古村镇。第三个板块是浙东运河,是指浙江钱塘江与姚江之间几段互相连接的运河,它北起钱塘江南,经西兴街道到萧山区,又向东南至钱清镇与钱清江交汇,又向东南经柯桥、绍兴城,东折至曹娥镇与曹娥江交汇,曹娥江东起梁湖堰,经上虞区(丰惠镇),至通明连接姚江,并经余姚、慈溪(慈城)、宁波,

---

① 彼得·阿克罗伊德:《泰晤士:大河大城》,上海:上海文艺出版社,2020 年,第 24 页。
② 脱脱:《宋史》卷九七,北京:中华书局,2000 年,第 1617—1618 页。

与奉化江汇合后称甬江,又北至镇海入海。

从江苏太湖水域开始,至太湖水域长兴"泗安塘";江南运河上的杭州拱宸桥、北新关、广济桥,石门的石门驿,长安的长安坝、长安闸,嘉兴三塔,等等;浙东运河上的浙江亭、候潮门、柳浦埭、西兴渡、龙游官村里、兰溪兰皋驿、宁波三江口:每个点都有记录与文字的记忆。比如:宋代范成大的《长安闸》诗"斗门贮净练,悬板淙惊雷。黄沙古岸转,白屋飞檐开。是间袤丈许,舳舻蔽川来。千车拥孤隧,万马盘一坏。篙尾乱若雨,樯竿束如堆。摧摧势排轧,汹汹声喧豗",唐代李白的《送王屋山人魏万还王屋》诗"挥手杭越间,樟亭望潮还",等等,均是对运河设施的记录。运河还孕育了渔民的特殊生活样态,比如:淮安"交船头""满载会"等习俗,余杭一带的船歌,嘉兴一带的三塔传说,等等。

运河沿岸可细数的集镇众多,集镇应河而生,因此民生与运河息息相关。比如:杭州运河入城处即有粮仓,如江涨桥附近尚有富义仓,是清代国家战略粮食储备仓库。有米市,如长安的米市,清人朱文治的《海昌杂诗》说:"近自江南极川楚,长安利甲浙东西。"有关钞,雍正《浙江通志》中载:"(北新)关据杭之北,去会城十里,而遥当三吴上游,其地即仁和芳林乡也。附关有桥,曰'北新',故以名关。"有酒库,如石门酒库,《读史方舆纪要》记载:"宋绍兴中,车驾往还,即驿基建行幄殿,又置榷酒库务于此。今运河所经,亦曰石塘湾。"除此之外,为配合运河贸易兴起的楼堂馆所更是遍地开花。光绪年间的《唐栖志》中有着这样的记载:"迨元以后,河开矣,桥筑矣,市聚矣。"又云:"河南诸街面,临运河,屋跨通衢。商农泉货,云集咫尺……桥西大街(上下两埠,上为宅第市肆,下为牵道征途。此街商农交集,贸易繁多,倍于他市)……"清顾祖禹《读史方舆纪要》中记西兴:"盖西陵在平时,为行旅辏集之地,有事则为战争之冲,故是时戍主与税官并设也。"元王奎《重建州治记》称兰溪:"其地当水陆要冲,南出闽广,北距吴会,乘传之骑,浅漕输之楫,往往蹄相摩而舳相衔也。以故守土之吏宾饯燕劳无虚日。"[1]

---

[1] 金华市地方志编纂委员会编:《金华市志》(第2册),北京:方志出版社,2017年,第839页。

4.2.1 运河场景建构的特点

如果只关注两大系统的静态描述,那么运河的文化意义就得不到彰显。运河的意义是外加的,因此内外系统的交融才促成运河文化意义的生成。在运河场景建构时,要关注两个特征:一是附着性,二是流动性。

4.2.2 运河场景建构的附着性特征

运河是不同水道的连接。从京杭运河来说,它连接了海河、黄河、淮河、长江、钱塘江五大水系。从浙江运河来说,它连接了太湖水系、钱塘江水系、浙东水系三大板块。纬度与经度的固定决定了物理形态中的静态景观,它有自己的地理描述,可以被各种描述限定:经度、纬度、地势、地貌、降雨量、干湿度,等等。一方水土养一方人,各地区有自己的土特产。根据孙步洲定义,所谓土特产,是指为一地所独有,而他处所无,具有独特的风味、品质、风格的农副产品及其加工产品;或一处独优,而他处逊色;或一地产量特多,而别处很少的农副产品及其加工产品。根据《中国土特产大全》的统计,全国食物土特产总量 1380 种,所有运河省市共计 532 种,占总量的 38.6%。运河沿岸是农耕文化的缩影,体现出农耕文化的特点。

在运河未开通之前,中国南北文化疏离,基本物质的传递非常不便。《世说新语·识鉴》:"张季鹰辟齐王东曹掾,在洛,见秋风起,因思吴中菰菜羹、鲈鱼脍,曰:'人生贵得适意尔,何能羁宦数千里以要名爵!'遂命驾便归。俄而齐王败,时人皆谓为见机。""莼鲈之思"非常鲜明地勾勒出交通不畅之际物资流通的不便。南北方的作物不同,制约了当地人的生活方式,进而影响了社会与文化的发展态势。地理屏障、降雨量、干湿线这些因素其实对中国古代的经济、政治起到了重要的作用。

在浙江一地,从太湖平原向宁绍平原,其实有一个内陆经济模式向海洋经济模式的过渡。顾祖禹《读史方舆纪要》对浙江的地理是这样概括的:"浙江之地,崇山巨浸,包络四维,而临安实为都会。右峙重山,左连大泽,水陆辏集,居然形胜。嘉兴则接壤苏、松运道之咽喉也。然而,湖州一隅,北逾震泽,则迫毗陵。走阳羡,可以震建康;西出安吉,则道广德,指东坝,亦可以问金陵矣。是用嘉兴，不如用湖州之为利便也。温州海澳，可以捷渡福、宁、处州山薮，可以疾走建安。然而衢州之壤，自江西以越仙霞，则全闽之要害，举自常山以趋广信，则鄱阳之屏蔽；倾自开化而走婺源，则宣、歙之藩篱坏。以一郡之地而动三路之权，未可谓三衢之要害后于吴兴也。若夫严州密迩临安，西连歙郡，诚为控驭之地。而宁、绍、台诸州，皆摈于海澨，风帆一举，上可以问江淮，下可以问闽粤，浙江之形胜，岂浅鲜哉！"①

　　浙江的地理大致可以分成几个大的单元。以临安（杭州）为中心，依山傍水；山为屏障，水为滋养；水陆共有，遏山制水，经济大胜。湖州在太湖之滨，与嘉兴一样，以水路见长，但湖州的辐射面更大，可以通至江苏、江西，所以更具有地理优势。这是杭嘉湖平原地理。在陆路交通上，金衢地理条件特别优越。越过仙霞可以到达福建，可对福建全境造成影响；自常山到达广信，则可以绕过鄱阳湖的天然屏障；从开化到达婺源，可以进入徽州地界。这一带商业的外输主要通过陆地。从松阳开始，经济倾向外向型。海边诸地中，温州地理优势是可达福州、宁波；其他宁、绍、台诸州，北可以连接长江、淮河，南可以连接福建、广东。这一带的商贸，是海洋经济的特征。地理的分布与商品的流动也有明显的关联性。因为商业上除了交流常产的货品外，更重要的是有特色的商品外运，比如：杭嘉湖的稻米、丝绸的售卖；金衢一带的山货、竹木的输卖；温处一带的瓷器、茶叶的外销；等等。地理差异导致各地域民众生活习性的差异。明代著名人文地理学家王士性就将浙江11府分为3种类型的人文环境，这如同《史记·货殖列传》从地理环境上叙述进而论述人文民风一样有着深刻的见地。王士性说："杭嘉湖平原水乡，是为泽国之民；金衢严处丘陵险阻，是为山谷之民；宁绍台温连山大海，是为海滨之民。三民各自为俗。泽国之民，舟楫为居，百货所聚，闾阎易于富贵，俗尚奢侈……山谷之民……喜习俭素……海滨之民，餐风宿水，百死一生，以有海利为生不甚穷，以不通商贩不甚富。"②宁绍"竞贾贩锥刀之利，人大半食

---

　　① 王国平主编：《西湖文献集成　第1册　正史及全国地理志等中的西湖史料专辑》，杭州：杭州出版社，2004年，第1052页。
　　② 王士性：《王士性地理书三种·广志绎》，上海：上海古籍出版社，1993年，第324页。

于外"①。

可以说附着性是一个规定的起点,决定了文化的最初面貌。

4.2.3 运河场景建构的流动性特征

流动性是运河文化的显著特征。运河的流向决定了经济资源的流向,深刻影响着社会经济、政治、文化的结构。运河开通之后,南方的丝绸、茶叶、糖、竹、木、陶瓷等源源不断运往北方,北方的民生倚靠南方的供给。史载,唐代宗时,长安斗米千钱,宫中无隔夜之粮。唐德宗时,因藩镇叛乱,大运河漕运中断,关中仓廪粮食吃光,引起朝野的极度恐慌。贞元二年(786),在经过历时 4 年才平定的李希烈之乱后,当江南漕米再次运到陕州时,德宗高兴地对太子说:"米已至陕,吾父子得生矣。"六军军士得知这一情况,"皆呼万岁"。此例由物资流通而上升到政权的稳定。又如,食品加工产业延伸出销售业,当时俗称南北货销售。浙江的南货种类很多,是将出产于南方的新鲜产品通过干制、腌制或加工复制而成。干货保留了鲜货的风味特点,而且耐于久藏。南货通过运河行销于北方。又比如嘉湖细点,清同治年间《湖州府志》卷三十三《物产》"茶食"条记述:或粉或面和糖制成。糕饼形色名目不一,用以佐茶,故统名"茶食",亦曰"茶点",他处贩鬻,称"嘉湖细点"。嘉湖细点可以分为米制品与麦制品。米制品中最常见的就是年糕,松糕、定胜糕、橘红糕也非常流行。松糕加上肉糜馅,就成了肉松糕。糯米制品中有馅的点心最有代表性的非粽子莫属。嘉湖细点中麦制品有烧卖、馄饨等。其他地区的烧卖大都个头较大,以糯米充馅,唯独嘉湖地区的烧卖个头较小,以纯鲜猪肉糜为馅。如在鲜猪肉糜中添加虾仁、冬笋,就成了闻名遐迩的虾仁烧卖、冬笋烧卖,而添入蟹黄的蟹黄烧卖更是嘉湖细点中的精品。嘉湖细点在北方亦能见到。不少食品中有文化交流的印记。除南食北传外,也有北食南传。北方传来的食品如胡麻饼,胡麻饼又称胡饼,是陕西地区汉族小吃之一。古时称芝麻为"胡麻"、核桃仁为"胡仁",用"胡仁""胡麻"为馅制作的饼被称为"胡麻饼"。"胡食"自汉魏以来,即在中国风行,到唐代发展成为

---

① 王士性:《王士性地理书三种·广志绎》,上海:上海古籍出版社,1993 年,第 324 页。

大众化的方便食品。传说安史之乱时,玄宗西幸,走到咸阳集贤宫时,没有东西吃,只好用胡饼充饥。《通鉴·玄宗纪》说:"日向中,上犹未食,杨国忠自市胡饼以献。"高似孙说:"胡饼言以胡麻着之也。"其道出了胡饼的特点。胡三省注说:"胡饼今之蒸饼。"但是胡麻饼是烘烤而成的,不是蒸成的。胡麻饼的特点是酥脆油香、色泽黄亮、皮酥内软、咸淡适中、营养丰富。著名诗人白居易亦喜食这种食品。他在《寄胡麻饼与杨万州》一诗中,对胡麻饼大为赞誉:"胡麻饼样学京都,面脆油香新出炉。寄与饥馋杨大使,尝看得似辅兴无。"如用蒸,诗意则不太对题了。衢州市邵永丰成正食品厂,创建于清朝年间,以生产衢州传统特产麻饼蜚声中外。衢州麻饼的制作采用了独特的传统白灰炉烘烤工艺。清朝袁枚在《随园食单》中记载了这一过程:"用火盆两个,上下覆而炙之"[1],"以两面煤黄为度……须用两面锅,上下放火,得奶酥更佳"[2]。采用白炭火上下吊炉双面烘烤,这是衢州人保持至今的又一古老而独特的传统工艺。

流动使不同区域的文化汇集、碰撞。唐朝诗人张籍有诗云:"北人避胡多在南,南人至今能晋语。"魏晋时期,北人为避战乱,纷纷南下,给南方带来了先进的作物耕作技术与文化观念。明代李清创作的《梼杌闲评》中有这样一个场景,皮影艺人进行表现时,将皮影件从一个竹篾的箱中取出。这一场景就非常明确地表明这一戏班是由南方北上的。

在浙江境内,运河的流动促成了文化的交流。比如,杭州有名的老字号楼外楼就是绍兴人创建的,杭州市有名的扇子王星记也是绍兴人创办的,杭州的奎元馆则是宁波人创办的。在清代,杭州就是一个移民性极强的城市,每个行当的人员构成中都出现地缘性结构特征。

当然,对于运河的运输能力必须有一个概念。唐代时的漕运并不顺畅,至明代,南北水路交通通畅。明代时,朝鲜的崔溥是第一个在运河开通之后亲历运河的外国人。他以一个外来者的视角考察运河南北的差异,他描述杭州"接屋成廊,连衽成帷,市积金银,人拥锦绣,蛮樯海舶,栉立街衢,酒帘

---

[1]　袁枚:《随园食单》,哈尔滨:北方文艺出版社,2018年,第349页。
[2]　袁枚:《随园食单》,哈尔滨:北方文艺出版社,2018年,第324页。

歌楼,咫尺相望"①。江南城市总体繁华壮丽,珠玉金银、稻米鱼蟹、植物花卉丰富充实,华服艳丽,贩夫走卒都知道书字;北方只有运河边上的城市稍有气势,房屋以草屋居多,越往北服饰越单调。他总结江南多农工商贾,北方多游食之徒。因此,南北流动性可能更多是为政治服务。

浙江的运河情形稍有不同。宋代杭州港开设,使得南宋对外的贸易港更多。从杭州出发的航线向东可达日本、高句丽;向南可达南洋各国,包括今越南、泰国、马来西亚等国的沿海港口,以及印度尼西亚、新加坡、菲律宾等岛国;向西可到北印度洋沿岸各国,远至波斯湾、东非和北非海岸。考虑到京畿安全问题,杭州港存在时间并不长,后港口移至乍浦。历史上,内陆的特产由杭州到达乍浦出海,而海外的特产也由乍浦港进入内地。英国怀特描述"乍浦四周筑有城墙,城中有官吏的衙门、富人的府邸,还有石塔、寺院、牌楼"②,并称乍浦是中日贸易的重要港口。临安依托运河,运河依存临安的局面,从此全面形成,"国家驻跸钱塘,纲运粮饷,仰给诸道,所系不轻"③。杭州水路交通线呈现网状分布:以大运河为干线,与苏州、常州、嘉兴、镇江等重要大都市相联络;与湖州(吴兴)间有下塘运河,与海盐间有25里运河,与华亭间有秀州塘,与临安、余杭诸区间有余杭塘运河;与浙江上流的衢州、金华间有钱塘江;与浙东诸县间的联络则有浙东大运河。各地的这些大大小小的运河网都以都城临安(今杭州)为中心,呈放射线状地相互联络,作为重要的运粮路而发达起来。杭州作为一个贸易聚集区,百货聚集:湖州的丝绸,嘉兴的绢帛,绍兴的茶叶、黄酒,宁海的海鲜,处州的瓷器,严州、温州的漆器,衢州的柑橘,金华的曲酒,等等,应有尽有。

到了明代,浙江运河的经济价值更高一些。明代由于海禁政策的执行,对外港口关闭,浙江沿岸成了民间外贸的出海口。宁波港被指定为接待日本贡船的唯一港口。民间的贸易受到打压,使得民间贸易主要靠走私。在政府打压之下,商人王直等在宁波港外双屿岛与葡萄牙人、日本人开展贸

---

①　崔溥著,葛振家点注:《漂海录》卷二,北京:社科文献出版社,1992年,第100页。

②　怀特:《清帝国图记:古代中国的风景·建筑与社会生活》,刘佳、马静译,天津:天津教育出版社,2011年,第211页。

③　脱脱等:《宋史》(卷五七～卷一○八),长春:吉林人民出版社,1995年,第1534页。

易。王在晋《越镌》记录了几起案件,是福建商人与浙江商人联合走私的史实,这些商人在杭州市场上收购纱罗、绸绢布匹,买白糖、瓷器、果品,买香扇、梳篦、毡袜、针箭等货物外销。作为水陆交通枢纽的杭州带动了周边城镇经济的发展。《清史稿》中对杭州市的主要水道做了介绍:"城河出候潮门入上塘河,旧名运河,一曰夹官河,北流,右出枝津为备塘河,入海宁。下塘河西自钱塘入,西北流者宦塘河,与苕溪会。其北流者为新开运河,径塘栖,歧为二,一入德清,一入海宁。"①

4.2.4　运河场景建构的层级

按照对文化层次的描述,运河场景的建构可以从自然物质交流、社会景观构成以及精神信仰维度的沟通几方面来描述。自然物质交流的史实见于文献的较多,以下仅举几例。比如宋代日本高僧成寻在《参天台五台山记》中记有一食:"味如饼淡,大如茄,顶颇细,以小麦粉、小豆、甘葛并糖作果子也。"这很像酥油饼。明代《宋氏养生部(饮食部分)》卷二中收录有"酥油饼":"用面五斤为则。芝麻油或菜油一斤,或加松仁油,或杏仁油少许,同水和面为外皮,纳油和面为馅,以手揉摺二三转。又纳蜜和面,或糖和面为馅锁之,擀饼置拖炉上熟。"②此食由安徽寿县首产,名为"大救驾",传入杭州后,形状、食材都有了变化,如猪油改为素油。又如羊肉的食用,为南宋北方贵族南下带来的习俗。北方羊被带至南方,在江苏、浙江之间的太湖流域放养,故名湖羊。杭州及周边德清、海盐等均有食羊肉的习俗。明代以后,绍兴黄酒开始大行天下。没有运河的运输,大量的酒要到达北方是不可想象的。

物资的交流也影响着社会景观,比如丝绸的生产与运输,使得丝绸获得的认可度越来越高。服饰本身就标识出社会地位。桓宽《盐铁论》中说:"古者庶人耆老而后衣丝,其余则麻枲而已,故命曰布衣。"③丝绸这一带有权贵

---

①　赵尔巽等撰,许凯等标点:《清史稿》(卷五九～卷一〇四),长春:吉林人民出版社,1998 年,第 1442 页。

②　宋诩:《宋氏养生部(饮食部分)》,北京:中国商业出版社,1989 年,第 49 页。

③　桓宽:《盐铁论》卷七,上海:上海古籍出版社,1990 年,第 100 页。

色彩的服饰材质被商人阶层采用,在服饰制度严苛的情形下商人尚将丝绸衫穿于外衣之下,但到了明中后期,商人丝绸服饰也敢暴露于公众之前,并且有引导时尚的趋势。社会景观又影响了精神维度的信仰,蚕丝文化发达的杭嘉湖一带有崇拜蚕花娘娘的习俗,有蚕花庙会的节俗。

再如运河内部,也有几个层级:开挖运河的基本史实,关系到工程学、材料学等;开掘运河的社会场景,比如由拳县的由来①、宋代花石纲之役水道开挖引起的社会效应、船民生活的民族志记录等;在精神维度,有反映运河的诗歌、传说等。

这些层级通过场景载体的搭建就能进行设置,也就是说,场景的建构是通过视觉符号的选择、组配以及转译完成的。通过可见的载体,可以将运河的立体场景建构起来。金华与东阳一带有优良猪种"两头乌"。"两头乌"皮薄骨细,精肉多肥肉少,肉质细嫩。其火腿腌制传说可追溯到宋代,抗金名将宗泽将家乡的腌制火腿献给皇帝作为犒军之用。腌制火腿十分有名,清代谢墉在《食味杂咏》中说道:"金华人家多种田、酿酒、育豕。每饭熟,必先滗汁和糟饲猪,猪食糟肥美。造火腿者需猪多,可得善价。故养猪人家更多。"②可见养猪当时在民间很普及。"雪舫蒋"品牌始创于清咸丰十年(1860),火腿采取祖传独特配方和千年传袭的精湛工艺精制而成,历史上被皇家列为贡品。运河的传输价值在这里得到体现。我国民间流传着这样一段话:"中华火腿出金华,金华火腿出东阳,东阳火腿出上蒋,上蒋珍品雪舫蒋。"某个具体的载体,是物质、社会、文化的综合体现。

4.3　浙江运河场景传播的建构方式

经验传播学遵循的是技术主义的传播方式,将传统置入自我的相对位

---

① 至元《嘉禾志》卷一《沿革》引《吴录·地里》:"秦始皇东巡,望气者云:'五百年后,江东有天子气。'始皇至,令囚徒十万人掘污其地,表以恶名,改之曰由拳。"参见浙江省地方志编纂委员会:《宋元浙江方志集成》(第 13 册),杭州:杭州出版社,2009 年,第 5856 页。

② 谢墉:《食味杂咏》,转引姜晟颖:《国宴》,天津:天津科学技术出版社,2019 年,第 130 页。

置，成为传播客体，而实际上，这些单一或者片面的传播路径会造成传统文化传播的孤岛。媒介传播学则关注媒介与媒介场域中的人互相塑造的关系。媒介传播学中的环境是泛化的，比如波兹曼认为第二自然全是媒介，传播技术能影响信息的形式、数量、方面，而这样的信息形貌或者偏向又能影响人的感知、价值观和态度。詹姆斯·凯瑞则以"传递观"与"仪式观"区分两种传播立场，空间不再只是事件发生的背景，而是事件发生的前提。人与空间的关系得到了新的理解，空间在这里具有了鲜活的生命力。将媒介传播学引入运河文化传播，可以做以下理解：首先，媒介是传统文化物化层面的载体；其次，它是传统文化符号与伦理层面共享的环境；最后，它是文化自身。

在数字时代到来之后，由于数字技术的科技赋能，空间具有了更多的意义。传播学家文森特·莫斯可认为："数字传播把社会生活和社会历史予以'自然化'的过程蕴藏着社会创新发展的机遇与可能。"[1]波兹曼认为，技术革命不是叠加性的，而是生态的。"一个形象的隐喻可以用来描述网络实践：它在读写之间，也在抽象与形象之间，这就是民众的相联（网络用词是反馈）。它将一种感觉而非只是描述与信息传达到对方；它也以联结叙述和信仰的方式来传递；它联系不同的来源，在许多情况下联系着过去与当下，并将之作为一个并联与整体加以强调。"[2]运河文化的传播，是一个有长度、有跨度的立体的知识体量的传播，也就是说当我们通过媒介来传播运河文化时，我们关注的是运河空间在不在场的问题，而不是它真不真实地存在的问题。

柏拉图认为媒介是人际关系的鲜活互动形式，但是运河的故事多是过去式。麦克卢汉等则论述了由技术发展催生的"人缺席而人在场"的新场景。这也就意味着，通过技术媒介的召唤，能够将历史重新纳入当下。梅罗维茨认为场景已不再是一种空间概念，而是一种信息系统。电子媒介场景

---

① 文森特·莫斯可：《数字化崇拜：迷思、权力与赛博空间》，黄典林译，北京：北京大学出版社，2010 年，第 75 页。

② Simon J. Bronner, *Explaining Traditions：Folk Behavior in Modern Culture*, Lexington：The University Press of Kentucky, 2011, p. 401.

弱化了社会位置与物质位置之间的关系,改变了社会结构。虚拟信息场景中的交互,同样是体验的一种方式。布尔斯廷则认为场景制造使"时空处于同一等级"。

本文的场景传播结合了特里·克拉克的文化场景①以及梅罗维茨的场景理论,把后者作为时代性的限定机制,而把文化场景作为场景描述的显性特征。

由上所述,场景传播是生产具有景深与框架的四维度描述。场景不是单一地介绍某个对象,而是要在关系中梳理时空。这意味着:场景传播是对脉络与关系的传达,而不是对个别的记录;场景总是承载多种功能,它符合文化生态的建构程序,是由物质转向观念的传递系统,它也符合当下的需要,涉及消费、体验、符号认知、价值观认同等文化意义。所以场景建构需要从视觉符号开始,从故事性的安排来具体打造。

4.3.1　运河场景传播的视觉符号选择

运河场景是内外系统交流的视觉呈现,因此它必须包括运河内部系统的视觉符号和外部系统的视觉符号,并建构两者之间的关系。

4.3.1.1　运河内部系统

选择运河设施上富有代表性的物质,比如杭州拱宸桥,标志京杭大运河到杭州的终点。这是一个代表性的符号。据《古今图书集成·杭州桥梁考》和康熙《杭州府志》,拱宸桥由明末商人夏木江倡建。② 历史上,杭州人看到

---

① 文化场景理论是以芝加哥大学特里·克拉克教授为代表的研究团队提出的研究城市发展动力的新范式。区别于传统的停留在土地、资金、技术等生产要素层面研究城市发展的模式,文化场景理论聚焦于城市中一系列文化生活便利设施以及设施背后所蕴含的文化和价值观,并提出文化场景所蕴含的文化价值观是吸引人力资本、推动文化消费实践,进而重塑城市形态的新型动力。

② 此桥在清代几经毁坏重建。顺治八年(1651)桥身曾坍塌。康熙五十三年(1714)由浙江布政使段志熙倡率捐筑,云林寺的慧辂竭力捐募款项相助。雍正四年(1726)右副都御史李卫率属捐俸重修,把桥加厚2尺、加宽2尺,并作《重建拱宸桥记》。此处是江南运河的南端终点,并有一座石桥作为鲜明的视觉标志。

此桥,就知道杭州已到。同样有代表性的设施有嘉兴运河的三塔。《嘉禾志》记载:此处有白龙潭,水深流急,行舟过此多沉溺。相传唐代高僧行云云游到此,见白龙潭水深流急,故运土填潭,并建塔三座,以"镇潭中白龙"。其实,三塔是运河的航标建筑,嘉兴运河三塔就是嘉兴的地标性建筑。

运河一线的地理名字,有不少是以闸、堰、坝来命名的,表现出此地当时的地理特征。如果这些地方能够具象再现运河上的设施,则能够更加直观地体现历史,如长安闸、长安堰等都是颇具代表性的设施,而长安的运河文化则需要复原、再现长安闸、长安堰的面貌。

4.3.1.2 运河外部系统

场景已由模拟的展现转为抽象的呈现。场景元素不只是具有内涵的造型,也是一种传递的信息,具有符号建构意义。因此,不应只从物的用度层面来考虑,也应该在符号与伦理层面加以理解。杭州运河河道改造的时候,也为运河桥寻找了不同主题,并在桥梁上做了标识。

江涨桥:展现康乾南巡故事。刻有"康熙二十三年(1684)""康熙二十八年(1689)""康熙三十八年(1699)""康熙四十三年(1704)""康熙四十四年(1705)""康熙四十六年(1707)"。

登云桥:16根圆柱上绘制了云鹤纹样,人行道立壁西侧展现的是隋炀帝开凿大运河,东侧画的是武则天下令开凿东苕溪。传说附近有居民科举成功,平步登云。

大关桥:展现南宋临安城(今杭州)九兄弟在金兵侵城的危急关头,率领五百民众自发抗金,阻挡金兵进城的传说故事。

德胜路运河桥:西侧桥墩的主题人物是马可·波罗;东侧桥墩展示的是唐、五代、北宋三个朝代对运河做出杰出贡献的人物(如宋璟、崔彦、钱镠、苏轼等)和他们的功绩。

潮王桥:展现南宋时杭州段运河的鼎盛景况。

城东桥:北侧浮雕内容是"东坡治水",南侧浮雕内容是"丝绸、航运文化共孕天城——杭州"。

这些故事有的离运河稍远了些。比如大关桥,是清代七大关钞之一,用于展示关钞文化更合适。德胜路运河桥,与南宋历史更相关些。登云桥的传说与视觉符号并不相关。

目前杭州在拱宸桥一带打造了历史街区;塘栖镇经多年的重修,也在逐渐恢复当时的盛景。这些场景的打造,有利于演说运河旧事。相对来说,江涨桥一带的运河故事非常多,但是串联度稍弱了些。宋代苏东坡《杭州故人信至齐安》末了"还将梦魂去,一夜到江涨"中的"江涨"指的就是江涨桥。陆游在江涨桥旁写下了《送客至湖州市》:"偶驾鸡栖送客行,迢迢十里出关城。谁知小市萧条处,剩有丰年笑语声。"湖墅八景为明代王布范的题词,说明八景于明代时已负盛名,"江桥暮雨"正是其中之一。《湖墅小志》载:江涨桥与华光桥作八字式,河面极为开阔,有时暮雨潇潇,颇有诗意。这就是著名的"江桥暮雨"。江涨桥还是乾隆上岸的地方,现在桥侧的乾隆画舫、接驾亭、牌坊等仿古建筑复制的即是旧时情景,现在公园还有侯(候)圣亭。江涨桥一带承载了多个朝代的记忆,其意韵是非常深厚的。如果将这些视觉符号加以引导,那么行走就会有目的。在西方,许多地方设置了游客信息所,将附近的景点信息制成单子赠送,这样即使是"背包族",也能自行选择路线进行有意识的游览。

4.3.2　运河场景传播的模式

如果运河场景的打造不以历史的真实性为标准,那么就可以有发挥的余地。场景的打造理论基于列斐伏尔的空间理论。

列伏斐尔的空间理论建构了空间的三元辩证法:空间的实践(spatial practice)、空间的表征(representations of space)、表征性空间(space of representation / representational spaces)。实体空间是物质化的形式空间,它围绕生产和再生产,以及作为每一个社会构成之特征的具体地点和空间展开,是生产社会空间的物质形式过程。精神空间是一种"空间再现",是社会精英阶层对其进行各种构想,使之成为具有崭新意义或可能性的空间。社会空间是"再现的空间","它既与社会生活的私密的或底层的一面相连,又充满了象征,是一种彻底开放的空间,同时又是人们生活的本真性的空间。一旦把空间视为社会产物,那么,空间的内涵也就得到根本性的扩展。

空间不再是纯粹静止、客观、被动的物质空间,而是一个充满复杂性的、开放的、社会交往的公共空间"①。正是通过第三个空间有预谋的规划,精神空间和属性才有了确证。

但是列斐伏尔的空间理论侧重于社会学的分析,关注社会宏观与微观的表征与建构,关注一种抽象如何成为统治的力量。移到传播学的视域,我们还是需要进行再一次的审视。我们发现一旦认识到空间是社会历史的产物,那么不论是物质属性的空间、精神属性的空间,还是两者都有渗透与操作可能的抽象空间,都能够加以人为的影响,并使三者综合统一,成为对人心灵有影响的环境。这一观念可以为传播所用,因为由于技术的加持,出现了时间空间化的倾向,在空间中可能实现过去、现在与未来并置的局面。如果空间能够细分,那么,传统进入生活实践的可能性就大大增加了。

将此学说放置在运河当代传播下考虑,也可以依次得出这 3 个空间的价值。

第一个是实体空间。人们往往忽略这一空间的文化意味,作为事件发生的背景元素,空间本身所带有的文化刻痕能够提醒当下与过去的关系。在传承中,良好的空间营造会形成强刺激,提示人与传统的关系,加强人与历史文化的黏合度。

第二个是虚拟空间。即通过传达之后的文化再现。一种深刻的变化发生在互联网技术兴起之后。有学者认为网络是构成民俗的环境②,因此互联网也可以称为"folk web"。人们乐意将其视为社交的环境而并不只是信息传送的媒介。在虚拟空间中,历史在场。

第三个是媒介空间。麦克卢汉认为,媒介是人身体的延伸,具身性的技术力量带给当代人真切的体验,媒介的多维度也使人们对对象的感知更全面、立体,同时,媒介构成了人观察世界的新尺度。比如城市雕塑、城市布

---

① 吴雁:《论空间理论视阈下的城市公共大屏幕传播》,张惠建、陈持等编:《中国梦视域下的公益传播力》,北京:中国广播电视出版社,2015 年,第 46 页。

② Simon J. Ronner, *Explaining Traditions:Folk Behavior in Modern Culture*, Lexington:The University Press of Kentucky,2011,p. 3.

局,通过媒介,其属性将会得到改变。

4.3.2.1 物理空间场景再现

对于运河历史相对集中的区块可以进行物理空间场景的打造。如前文所说,江涨桥一带的运河故事非常多,如果能够形成物理空间的串联,人们对运河的内涵会有更多立体的了解。

目前在杭州市区的运河板块所做的城市雕塑小品展现比较到位,比如拱墅区江涨桥到小河直街一带有较为密集的雕塑,表现了临湖送别、鱼市风情、纤夫拉纤、码头下货等场景。特别是小河直街的时空穿插比较成熟。街道保留了明清的建筑样式,又在其中加入了较时尚的元素。对于传统符号的传承是传统元素在现代建筑设计中的一项重要体现。但是从商铺的分布来说,清一色是茶馆与饭店,还是缺乏错位经营的效果。

每一个点都有开发的必要。比如德清的新市,地处运河边的支流区域,全镇由多片小渚构成。南北朝时,刘宋道士陆修静尝筑庐读书,沐浴仙潭,故又得"仙潭"别名。南宋杨万里《舟过德清》诗云:"人家两岸柳阴边,出得门来便入船。不是全无最佳处,何窗何户不清妍。"出入借船,颇有威尼斯的风光。目前新市的开发正在进行中,蚕桑文化与运河文化交汇的定位能够给小镇的建造带来更多的场景感。

再如浙东运河。它是浙江境内开发最早的一段运河。首先,浙东运河沿线是文化久远、神话与传说集中的地方;其次,它是考古文化遗址集中的地方;再次,它是自然与人文发展和谐的地方;又次,它是浙江商贸的重要路径,明以后,是民间海外贸易的线路;最后,浙东运河沿线的文化有空间差异,从大禹崇拜到妈祖信仰,展现了浙江思想层面丰富的内涵。

再看杭州到绍兴这一段。浙东运河从西兴开始;衙前是南宋水上官道的起始点,宋高宗梓宫由此运送至陵园;钱清是目前古纤道运河段保留最好的一段;临浦与渔浦是浦阳江上的古镇,渔浦是诸多唐代诗人渡江之地,被称为"唐诗之路的起点",临浦近代商贸繁荣,有"小上海"之称。绍兴汇集"三十六源之水",水系发达,治水历史悠久。柯桥古镇历史上商贸发达,称为"金柯桥",是乾隆南巡游览之地,目前有"放生御碑";安昌古镇有大型酱作生产作坊;东浦是黄酒生产地。崔溥有文字描述,就此展开。若耶古村流传着诸多的传说与历史故事,比如禹得天书的传说等;鉴湖有诸多古代诗文,文化气息浓厚。研究可以从吴越开始勾勒,对绍兴一地的自然山水、城市、建筑以及文化做相关性分析。

从绍兴上虞到宁波这一段,运河分为南北两支,是考古遗址密集之处。再者,此地舜传说资料丰富。丰惠古镇是英台故里,梁湖流传民间故事,蒿坝留有旧时水上设施的遗迹,驿亭镇与三界镇反映着旧时的行政布局,澄潭镇有着南朝的风光。余姚此段水道合一,姚江为主干,慈江为支干。梁弄古镇为浙东主要的驿站之一;中村为3镇(距鄞江、梁弄、陆埠3镇各20千米)的中心,贸易频繁;鸣鹤古镇为浙东主要盐场。宁波也是一个重要的点。丈亭古镇为古渡所在地;慈城古镇展现宋代浙东运河黄金时期的风貌;高桥镇以桥为名,诸多诗人留有记载,如"航舶过往,风帆不落";三江口为"宁波外滩",带有近代被半殖民的痕迹。

4.3.2.2 混合空间场景再现

以个体的游历来贯穿运河,立体展现运河的民生、政治与文化,也是一种传播方式。2016年11月16日至2017年2月12日,浙江省博物馆和韩国国立济州博物馆联合举办了"'漂海闻见'——15世纪朝鲜儒士崔溥眼中的江南展"主题展览,这个展览就是一个运河文化展览的样例。

明弘治元年(1488)正月,朝鲜官员崔溥(1454—1504)奔父丧,不幸在渡海返回途中遭遇风浪。在漂海13天后,一行人在中国浙江台州府临海牛头外洋(今属浙江三门)登岸。崔溥被当作间谍受到盘问,并从台州被带到杭州。随后他沿运河一路北上,再经陆路返回朝鲜,历时135天,成为明代行经运河全程的第一个朝鲜人。

"崔溥回国后,奉王命撰写游历日记,是为《漂海录》。其所录内容,涉及明弘治初年政治、军事、经济、文化、交通以及沿途史地文物、名人古迹、市井风情等情形,成为研究明代社会及中韩交流的重要史料。此次展览是以《漂海录》为基础,通过展陈对《漂海录》做延伸性的解读。"①

这一展览由中韩两国博物馆合作完成,两国参展博物馆达 26 家,共计展品 300 余件(组)。现将展览情形介绍如下:

展厅入口,两侧挂有致辞、崔溥行迹图、中韩历史时期对照表等。展览入口即出现儒士身份的崔溥轮廓(如图 4-1 所示),引人去探寻这轮廓中的真实。标题所用"漂海闻见"4 字,来自韩国高丽大学收藏的铜活字印本《漂海录》——存世《漂海录》最早的印本。

图 4-1　展览入口儒士身份的崔溥轮廓

展览分为 4 个单元。第一单元"崔溥与朝鲜",策展人并未急于让观众加入崔溥的中国之行,而是解答了崔溥是谁的问题。通过"15 世纪的朝鲜"等展板配合当时儒学典籍、服饰等,揭示朝鲜王朝以儒学治国,衣冠礼乐,一遵华制。

第二单元"意外的中国之行",展示了崔溥遭逢海难漂海至中国的始末,以及在中国的游历线路。第一展区通过朝鲜时代济州岛出海相关文物及当时的丧服、腰牌等,辅以《漂海录》的记录,展现恪守儒家思想的崔溥为奔丧在"飓风怒号"的正月从济州岛出海,途中严格穿戴丧服守孝,遭遇海难,终在中国浙江台州府临海县登岸获救的故事,展厅中还播放描绘海难经历的

---

①　"'漂海闻见'——15 世纪朝鲜儒士崔溥眼中的江南展",相关信息参见 https://exhibit. artron. net/exhibition-48634. html。

沙画视频。本单元第二展区展现崔溥一行被验明身份,由中国官员护送走陆路经宁波、绍兴到杭州,再沿京杭大运河行水路到北京,成为明代第一位行经京杭大运河全程的朝鲜人。展览别出心裁地通过大幅展板展现《漂海录》对沿途的记述和这些地点的现今风貌,带领观众沿崔溥的足迹游历江南,并在展厅中播放摄制组走访后制作的视频,有些遗迹仍在,有些已湮灭无闻,古今对照,令人兴叹。展厅还设有展柜陈列崔溥所经重要地点的代表性文物。

第三单元"江南风物",转过一间幽灯小室,柳暗花明,进入琳琅满目的明代文物展厅。崔溥来到中国后,十分留意各地不同的风物民情,由于明代外国使臣很少能到达长江以南,因此他对江南地区的记述更为细致,大到都市格局,小到饮食起居、服饰、首饰、文人风尚。展览展出了江浙多地出土的明代文物,虽然无法与崔溥所述完全对应,但也能通过墓中遗物窥见明代江南风貌。

第四单元"大明与朝鲜的文化交流",视野则从崔溥个人发散出去,放眼于两国互使、文化艺术交流等,展出两国使臣往来的绘画、诗词集、书籍、肖像画、日用器具等。形而上的文化交融最终沉淀为一件件旧物,其中仍可见崔溥的身影,如作品被收录《皇华集》(收录两国使臣酬唱之作)的明使张宁,作品被收录《天使词翰真迹》的朝鲜使臣徐居正、明使祁顺,崔溥途中都曾与中国官员谈及,表现出中朝官员对两国文化往来的熟稔,这些谈话记载于《漂海录》中并在展板中列出。①

展览是以崔溥个体的经历为载体,核心是其运河之游历。为此,展厅有"崔溥游历中国线路图"作为揭示。

展览除了促进中朝两国文化交流之外,还传播了中国运河文化。展出的核心文物是浙江省博物馆藏的清康熙年间绘制的《京杭道里图》。此图描绘了京杭大运河流经城池及两岸景观,全长 2032 厘米,首次全卷完整展示。另外,配合崔溥的行踪展现了浙东运河的风情,寻访过程以纪录片的形式呈现给观众。

---

① 《"异域之眼"看中国,明代江南社会的惊鸿一瞥》,2017 年 7 月 28 日,https://www.sohu.com/a/160464304_260616,2023 年 1 月 10 日。

展览布展导览如图 4-2 所示：

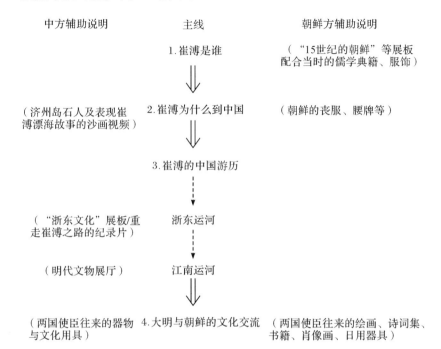

中方辅助说明	主线	朝鲜方辅助说明
	1.崔溥是谁	（"15世纪的朝鲜"等展板 配合当时的儒学典籍、服饰）
（济州岛石人及表现崔 溥漂海故事的沙画视频）	2.崔溥为什么到中国	（朝鲜的丧服、腰牌等）
	3.崔溥的中国游历	
（"浙东文化"展板/重 走崔溥之路的纪录片）	浙东运河	
（明代文物展厅）	江南运河	
（两国使臣往来的器物 与文化用具）	4.大明与朝鲜的文化交流	（两国使臣往来的绘画、诗词集、 书籍、肖像画、日用器具）

图 4-2 "'漂海闻见'——15 世纪朝鲜儒士崔溥眼中的江南展"布展导览

韩国中央博物馆藏的奉使朝鲜唱和诗卷，是明代使臣倪谦与韩国文臣诗文唱和的手迹，文物本身便是两国文化交流的象征物，在韩国属于国宝级文物，此次是首次来华展出。另外，中方展出了江浙多地出土的明代文物，如嘉兴王店李家坟明墓出土的丝织服装，常州武进王洛家族墓、江阴青阳邹令人墓出土的金银首饰等。实物与影像、艺术作品一起完成了崔溥个人游历的完整呈现。

4.3.2.3 虚拟空间的场景设置

通过 VR 技术再次复原古代运河的风情。比如"红色地标"VR 采用的是虚拟运河场景的系统呈现方法。软件根据京杭大运河文化带形成的文化脉络和内容架构，以京杭大运河为主线，以区域划分为串联，设计 10 个单元，将京杭大运河上的文化地标以点、线、面的方式展现出来，通过 VR 等新媒体技术手段将这些内容体系化、立体化、时尚化，以更完整、更科学、更便

捷的承载方式提升用户体验，拉近文化与现代人的距离。（如图 4-3 所示）

1.运河开篇单元

2.水利工程单元

3.古桥纤道单元

4.古塔庙宇单元

5.奇闸妙坝单元

6.名胜古建单元

7.运河非遗单元

8.运河名城单元

9.历史街区单元

10.运河河道单元

图 4-3　千年长河——京杭大运河上的文化地标 VR

由于技术所限,这个虚拟空间系统缺乏人的在场,虽然系统但并不综合与形象,有体验而无社交。

海宁长安的大运河(长安闸)遗产展示馆,以虚拟的坐船方式,以碗幕形式模拟了在运河上游历的场景,并且佐以运河两岸节日的风情为体验。

4.3.2.4　体验型场景空间设置

依托某一具体的载体进行场景的设置。比如塘栖镇的百年汇昌茶食店,是在民居的样式基础上集商铺、作坊与展馆于一体的综合体。"百年汇昌,始创于清嘉庆五年(1800),原名'汇昌南北货栈'。道光年间,汇昌所产的蜜饯被道光皇帝选为贡品。清末,汇昌已成为清朝内务府的'指定供应商'。在1929年首届西湖博览会上,'汇昌蜜饯'获得最高奖。到1946年,汇昌已发展成为一家拥有18000银圆资金、近百名职工的大商号,拥有蜜饯、茶食、藕粉等4个生产作坊。"[1]这段文字出自吴钩红豆之手,吴钩红豆是百年汇昌掌门人虞铭的化名。百年汇昌的掌门人是土生土长的塘栖人,熟谙掌故,对家乡的历史极为了解,又爱好文化,因此,自身成为一个很好的媒介。

百年汇昌布置了"塘栖糕模馆",在其二楼展出1000种古代糕模等食品工具;同时,在节假日,推出了传统糕点制作体验课。这一场景设置具有体验感与社交性,同时又有知识传授的可能性。比如"塘栖糕模馆"展出了浙江、山东、安徽以及北京的传统糕模,从模具大小、纹样打造到模具的材质,都有值得讲解的知识。(如图4-4所示)二楼还布置了一个小小的茶室,摆上茶食蜜饯,游客可以坐享午后时光,听店主人讲述运河故事。

---

① 虞铭:《口述余杭历史——"百年汇昌"的故事》,2017年9月4日,http://www.sohu.com/a/169583082_280092,2023年1月10日。

图 4-4　"塘栖糕模馆"糕点模具

4.4　浙江运河文化场景传播的价值思考

运河文化的场景传播是符合视觉文化时代特征的传播方式,但正如上述传播方式所呈现的,场景传播多缺乏严肃性,其传播向度仍值得商榷,另外,场景传播的循环性、解构性的特征也值得考虑。

4.4.1　运河文化场景传播是认识范式变化的结果

认识范式的改变会使实践方式得到改变。如果说文化的非遗本真性与活态性是对同一生活生产整体不同层面特征的概括的话,那么必须分清的是文化演变过程中的"变"与"不变"是什么。对此,里格尔对纪念碑价值的分析多少有些帮助。

里格尔认为,价值有纪念性与当下性。纪念性包括了时代性(古物特征)、历史性(历史意义)、特定纪念性(为某事而设)。时代性即古物特征,强调了与时代相隔的因素,并由于其不符当下而有封闭性;历史性指让对象保持在原物状态才有价值;而特定纪念性则有很大局限性。当下性包括了艺术价值与使用价值。艺术价值表现在其更新的价值,即古物在有新的状态时才具有价值,相对艺术性则能够去除时代性而强调其与当下的关联性;使用价值包括了积极与消极两面。

这一论说是高明的。从物质的消费角度来说,只有艺术性与实用性结合的作品才会被时代接纳,对于运河遗产的物化形式,同样需要筛选的机制,选择最有艺术性且与当下生活实践相符的产品流布;从物质与意义的关联度上来说,非遗之物是符号之物,要认真把握其符号意义;从非物与物的关系来说,要将物视为共享空间中流动的信息载体。

4.4.2　运河场景传播是对其文化遗产特征的体现

"文化遗产是一个社区内发展起来的对生活方式的一种表达,经过世代流传下来,它包括习俗、惯例、场所、物品、艺术表现和价值。"[①]非遗是"遗产",不是"现产",它只是历史的延续。

非遗是生活方式派生的,它就在生活、生产的现场之中,本真性是物质文化的底层,是伦理规则而非制度规则,因此它是前规则,不从属于理性秩序。而活态性是非遗所处时空特征决定的外在显性。本真性与活态性互为表里,但并不对应。因此,将底层的本真性与显性的活态性锁死在不断流动的时空中是不合理的。非遗之所以是"遗产",是因为在过去的时空设定中生成了稳定的思维角度与结构,用以对抗扁平化与碎片化的存在,是将人嵌入历史中的努力。2011 年与 2013 年联合国教科文组织政府间委员会第六次与第七次会议上又强调了本真性与活态性。2015 年联合国教科文组织发布的《保护非物质文化遗产伦理原则》强调"非物质文化遗产的动态性和活态性应始终受到尊重不应该成为障碍。本真性和排外性不应构成保护非物质文化遗产的问题和障碍",表述的就是这个意思。

文化遗产的本真性与活态性也需要在非物质文化的层面上加以思考。非物质文化确立了社区面向世界与宇宙的态度,是文化的根与魂,它主要是

---

① 　联合国教科文组织世界遗产中心、国际古迹遗址理事会、国际文物保护修复研究中心等主编:《国际文化遗产保护文件选编》,北京:文物出版社,2007 年,第 56 页。

在符号和伦理话语中被理解的;物质文化主要是在技术/效用的经济话语中被想象的。非物质文化以意义的再生产为导向;而物质文化以消费为导向。非物质文化的本真性通过物质文化的活态性与流动性来得到确认。文化的本真性通过一次次的激活与物化来得到彰显。

本真性是文化多样性的保证,也是文化排外性的前提。提倡本真性既要注意防止传承的僵化,也要警惕改造的轻质化与无底线。

5

大运河国家文化公园的红色文化资源及其传播

5.1 红色文化资源价值的当下性

红色文化是从中国共产党领导中国革命的实践过程中被提炼出来的思想文化资源,它有多层面的价值功能。可以说,红色文化的打造与传播在中国当代文化建设中一直占据着十分重要的地位,它在构建社会主义核心文化的过程中发挥着重要的作用。

红色文化是中国当代社会主义思想文化体系的一个重要组成部分,它是伴随着中国共产党领导的中国革命斗争历史以及社会主义建设进程而积淀下来的带有十分强烈而鲜明的革命内涵的精神文化资源。可以说,正是对红色文化的不断建设与打造,才保证了有中国特色的社会主义文化形态的形成。纵观现代以来中国的文化建设,大体上有 3 种文化资源产生了十分重要的影响,这便是传统文化资源、西方文化资源以及红色文化资源。相对于传统文化资源的继承性与西方文化资源的吸纳性,只有红色文化资源是中国自身在诉求现代性的进程中创造的。从这一角度来说,红色文化资源对标识中国自身的现代性特质有着重要的作用。红色文化的打造与传播在中国当代文化建设中一直占据着十分重要的地位,它在构建社会主义核心文化的过程中发挥着重要的作用。正如有学者所言:"红色文化在革命传统教育与思想政治教育中的运用和实践,以及'红色教育'对红色文化资源的借用,使红色文化在教育领域获得了极大空间。红色文化在政治教育、品德教育、文化传播、精神传承等方面的独特价值,决定了其自身的资源属性。因此,红色文化资源成为重要的道德教育、思想政治教育、革命传统教育、爱国主义教育、民族精神教育、社会教育与公民教育的有效资源。随着构建和谐社会和社会主义核心价值体系等新的理念的提出,红色文化在构建和谐社会、构建社会主义核心价值体系等方面,发挥着无可替代的价值和功能。"①

从历史传承的角度来看,讲述和传播中国共产党领导的中国革命斗争历史显然是其应有的含义。它一方面作为一种历史认识的知识体系而被书写和传播,另一方面也在这种讲述过程中不断地强化着中国共产党领导中国革命以及建设社会主义的合法性与先进性。从精神文化建设的角度来看,红色文化无疑以其爱国主义、英雄主义、集体主义等价值理念而体现出其特有的政治教育与精神培育的功能。从社会效应的角度来看,红色文化培养了一代代拥有革命理想主义情怀的中国人,这种精神品质的培育和人格塑形是其他任何文化形态所无法达成的。正如有学者所言:"革命文化有着它区别于文人文化、商人文化以及传统文化的鲜明特征。首先,作为革命文化的艺术表达的红色经典,有着鲜明的人民立场。无论从思想内容还是艺术形式看,红色经典都表达着强烈的人民性,它坚持站在人民的立场来叙事抒情,始终从为人的视角去介入社会,这使得它能够超越一般文人、商人难以避免的为自我写作、为金钱写作的狭劣心态,而走向广阔的政治叙述空间,容易引起普罗大众的共鸣。红色经典的人民立场,可以促使社会意识形态回归平等和谐,有利于把无组织的人民组织起来,凝聚人民的力量,以战胜邪恶势力及一切困难,建设美好社会。其次,红色经典具有强烈的正义品格,是非、善恶、爱憎很分明,没有任何扭捏作态或含含糊糊之处,虽然有被

---

① 魏本权:《从革命文化到红色文化:一项概念史的研究与分析》,《井冈山大学学报》(社会科学版)2012年第1期,第20—21页。

解读为把复杂问题做简单化处理的可能性，但其特有的浩然正气与光朗爽直的性格，足以威慑当前社会的恶人恶行。再次，红色经典一般具有理想主义色彩。这使得它能够摆脱苟且、悲观、逃避的心态，而持一种永远乐观的精神，从现实中看到未来，从失败中看到成功，从悲剧中看到胜利。这一点可以对治当前中国社会的实用主义与醉生梦死的心态。复次，红色经典具有大无畏精神。蔑视一切邪恶，蔑视一切敌人，不怕牺牲，排除万难，去争取胜利，是红色经典无可撼动的内在意志。这一点完全可以拿来对治当前中国社会委琐、畏缩的国人心态。综合以上所述，可以看出红色经典的复兴有着社会历史的必然性。广大人民与一部分政界人物都愿意把它拿来作为治疗社会颓风与文化顽疾的一剂良药。但必须看到，在革命文化复兴的潮流中，有些人对红色经典的影视改编抱着一种不严肃的，甚至是商业利用的态度，结果使得某些红色影视或强化了斗争场面的暴力感而淡化了道德感，或以人性化为借口丑化正面人物而美化反面人物；或把严肃的主题、题材做游戏化处理而降低精神品位。这对革命文化是有伤害的，我们应该警惕。"[1]

　　从存在形态上来看，理论形态的红色文化有马克思主义理论经典、毛泽东思想、邓小平理论等，这些在中国当代党和国家的政治方针和理论建设层面上有着突出的体现，同时也是全民思想教育内容的重要组成部分。它常常在党的决议、政府工作报告、思想政治学习、理论宣传等方面起着思想纲领和理论基石的重要作用。红色文化也可以物质形态存在和传承，包括全国各地以中国共产党领导的革命斗争历史为主题的爱国主义教育基地、红色旅游景区等，如延安、井冈山、重庆的歌乐山等，还有多种多样具有深厚纪念意义以及革命教育内涵的历史遗留物，如全国各地博物馆中所收藏的革命年代的物品，这些物质形态的红色文化以一种更直观的形式向人们传递着其所承载的特定革命文化内涵，同时也见证着曾经的革命岁月的沧桑与磨砺。今天，它不仅有着革命历史教育功能，而且体现出巨大的经济价值，如各地以红色文化为主题所开发的红色旅游经济以及收藏品市场上出现的红色纪念品收藏热等。"它所体现的是对革命文化的资源属性的释放和利

---

[1]　潘永辉：《当前中国文化态势与红色经典》，《电影评介》2006 年第 24 期，第 21 页。

用,充分挖掘革命文化的资源禀赋来为当前的社会主义先进文化建设、社会主义核心价值体系建设、文化产业开发提供历史文化资源支撑。这样,唱响红歌、重温红色经典、再造红色经典、体验红色之旅、红色育人等,也就成为弘扬'革命文化传统'与'革命精神'的必然要求。"①红色文化的第三种存在形态便是红色文艺产品。所谓红色文艺产品是指以表现和歌颂中国共产党领导的革命斗争历史以及社会主义革命为主题的文学艺术作品,这种红色文艺产品可以说覆盖了所有的文学艺术形式,如小说、电影、电视剧、诗歌、戏剧、歌曲以及评书、快板、相声、京剧、昆曲、评弹、快书等各种民间戏曲和曲艺形式。红色文艺产品也是推进红色文化建设最重要的方式和手段,它在传播和普及红色文化方面有着巨大的影响力,尤其是在将红色文化价值观向社会大众层面进行传播的过程中有着无可取代的地位。也正因此,在中国当代文艺发展过程中,产生了一大批被称为"红色经典"的文艺作品,这些作品成为中国当代社会主义文化建设进程中的一个特有的文艺现象,它们在参与社会主义文化建设、打造社会主义社会核心价值观方面有其特有的意义和价值。可以说红色文艺产品是中国当代文艺建设中的一道特殊风景线。

大运河是中国红色文化的重要载体,而京杭大运河浙江段则是中国红色革命与红色文化在江南运河水系孕育、发生、实践、积淀的重要空间,有其特定的价值与意义,有深入探析的必要。浙江地处京杭大运河的南端,大运河浙江段蕴含着非常丰富的红色文化资源,不仅是中国共产党的创建地,而且承载了中国共产党领导的中国革命斗争的历史记忆。浙江省地域的第一个中共组织——杭州党小组便是在杭州皮市巷 3 号建立的,这里有中国工农红军北上抗日先遣队分水之战的纪念碑,还有浙东人民解放军金萧支队风云革命史的记录,等等。沿着京杭大运河浙江段展开的是一幅江南运河水系的红色革命史。不只是新民主主义革命时期,在新中国成立后的社会主义改造及建设时期,大运河浙江段也有其丰富的历史内容。中华人民共和

---

① 魏本权:《从革命文化到红色文化:一项概念史的研究与分析》,《井冈山大学学报》(社会科学版)2012 年第 1 期,第 19 页。

国第一部宪法——1954 年《宪法》正是在杭州起草的,新中国第一个居民委员会也是在杭州上城区紫阳街道上羊市街社区诞生的。大运河浙江段有着关于中国社会主义改造、社会主义建设以及有中国特色社会主义探索的重要记录,而这些都是中国当代红色文化的重要组成。正因如此,对大运河国家文化公园红色文化资源的挖掘与阐释,是对大运河文化资源的丰富和拓展,这种拓展主要表现在将红色文化作为运河文化的一个内在的构成进行探讨和研究,从而使得京杭运河文化不仅在建筑、交通、商贸、民俗等层面有其丰富的文化意蕴,而且在现代红色革命及当代社会主义实践与建设的进程中具有特有的文化积淀及精神内涵。

5.2 大运河浙江段红色革命资源与红色记忆

5.2.1 红色文化资源的空间性

红色文化存在着一个空间分布的问题,这是由中国共产党领导的革命斗争历史的具体发展进程所决定的,不同地区对不同红色革命历史内容的承载使其红色文化资源具有一种鲜明的地域性。红色文化的地域性包含两个维度:一是传统地域文化的沉淀;二是具有地域性特点的革命斗争历史内容的沉淀。可以说,红色文化的空间性是这两者的交织。前者赋予了红色文化传统的、乡土的、民间的文化内蕴与审美特征,后者则使红色文化在党史和革命史的形象化打造与建构中发挥了重要的作用。红色文化的空间分布在红色经典上表现得最为典型。比如:《红旗谱》《新儿女英雄传》《平原枪声》《野火春风斗古城》《战斗的青春》《敌后武工队》《烈火金钢》《小兵张嘎》等红色经典属河北地区;《保卫延安》《创业史》属陕西地区;《白毛女》《吕梁英雄传》属山西地区;《铁道游击队》《红日》《苦菜花》属山东地区;《闪闪的红星》属江西地区;《红岩》属重庆及四川地区;《永不消逝的电波》《霓虹灯下的哨兵》属上海地区;《青春之歌》属北京地区;《沙家浜》属江苏地区;《三家巷》属广东地区;《小城春秋》属福建地区;《洪湖赤卫队》属湖北地区;《红色娘子军》属海南地区;《茫茫的草原》属内蒙古地区;《林海雪原》《暴风骤雨》属东北地区;等等。与红色文化的空间分布相关联的是其地域文化特征的问题。同样以红色经典为例,山东地区的红色经典作品体现出鲜明的齐鲁文化特征。比如:冯德英的小说《苦菜花》重情感、重伦理道德的书写,正是受所在地域文化影响的一个结果,这方面,同样是诞生于山东这块土地上的小说《铁道游击队》也有着同样的叙事特征;而书写大上海党领导下的革命历史的作品《永不消逝的电波》《霓虹灯下的哨兵》等,则呈现出浓厚的海派都市文化特征;河北地区的红色经典作品如《烈火金钢》《敌后武工队》《野火春风斗古城》等,具有鲜明的燕赵文化特征;陕西地区的《创业史》《保卫延安》等作品,其史诗性的构架一方面深受同乡司马迁史学名著《史记》的影响,另一方面也呈现出鲜明的三秦文化特征;而《林海雪原》《暴风骤雨》则体现出强烈的关东文化气息和特征。

此外,与红色文化的空间分布相关联的是革命斗争历史的问题。红色经典作品从空间分布上来看,与战争年代中国革命根据地的分布密切相关。从土地革命战争时期到抗日战争时期再到解放战争时期,中国共产党领导创建了大量的革命根据地,如湘赣根据地、广东东江(海陆丰)根据地、赣南根据地、闽西根据地、湘鄂赣根据地、赣东北根据地、鄂豫皖根据地、湘鄂西根据地、海南岛琼崖根据地等,其中沂蒙山根据地、井冈山根据地、延安根据地、大别山根据地被称为"四大革命根据地"。红色经典作品大多演绎的是革命根据地的斗争历史故事,而革命根据地也成为这些红色经典作品主要聚焦的区域所在。比如:《闪闪的红星》《洪湖赤卫队》讲述的是中央苏区革命根据地的故事;《敌后武工队》《烈火金钢》《野火春风斗古城》展现的是冀中抗日根据地的革命斗争故事;《保卫延安》叙述的是陕甘宁革命根据地的战争故事;《铁道游击队》《红日》书写的是山东革命根据地的故事;《红色娘子军》呈现的是海南岛琼崖革命根据地的故事。与此同时,一些革命根据地在被不同作者、不同作品的不断叙述中,形成了红色经典叙事圈。比如:冀中抗日革命根据地的白洋淀地区便涌现出了徐光耀的《小兵张嘎》,孙犁的《风云初记》,以及袁静、孔厥的《新儿女英雄传》,形成了一个白洋淀红色经典叙事圈;而刘知侠的《铁道游击队》、冯德英的《苦菜花》以及峻青的《黎明的河边》等作品又形成了一个山东革命根据地的红色经典叙事圈。围绕这些叙事圈展开研究，对红色经典的解析有着重要的意义。另外，红色经典作品在故事的叙述上大多有着史实的背景和依据。不同于一般意义上的文学作品，它们虽有虚构的成分，但更强调历史的真实，每一部红色经典作品都有其对应的历史史实做支撑。这样，考察红色经典作品的生成过程，解析历史与叙事之间的关联，分析历史面貌与文学叙事之间的差异性，解析红色经典如何从历史事件、历史人物故事加工成文学作品便显得十分必要。这种研究视角，是对红色经典作品展开"本事"研究，即对其本身所依托的历史事实进行梳理、考察和辨析。如《永不消逝的电波》是根据曾战斗在隐秘战线上而牺牲的李白烈士的经历创作的。《闪闪的红星》是以许世友将军的儿子许光的童年经历和故事为原型创作的。《林海雪原》是根据当年解放军在东北剿匪的真实故事改编的。《铁道游击队》是根据抗战时期鲁南军分区的一支战斗在铁路沿线的游击队的故事写成的。《红色娘子军》是根据革命年代海南岛上党领导的琼崖纵队中的一支红色娘子军的斗争故事创作而成的。小说《红岩》是根据重庆解放前夕被关在白公馆、渣滓洞里的革命者狱中斗争经历创作的，其中不论是江姐、许云峰，还是特务头子徐鹏飞、叛徒甫志高都有原型。所以在红色经典研究中，历史与叙事、故事与史实之间的关联研究便十分必要。其中涉及红色经典的历史生成问题，也涉及当代文学的生产机制问题，要围绕红色经典的空间分布而展开对其地域文化内蕴与特征、革命历史史实与文本生成、资源价值的当下性与有效性等一系列命题的探讨和研究。

红色文化作为一种特有的文化资源，其资源价值的当下性及其开发、保护、传播的问题，与其地域性有关。沉淀着丰富的红色文化的地区，大多打造了相应的红色文化景区。比如：沙家浜红色旅游景区因《沙家浜》这一剧作而闻名；因《红岩》开发而成的歌乐山爱国主义教育基地，白公馆、渣滓洞是其最为重要的景点；而《小兵张嘎》故事的演绎也成为白洋淀景区所展现的一个重要项目。因此，红色文化不仅是一个历史的存在物，也是一个当下的存在。对红色文化空间分布的研究，也必然要延伸到对当下红色文化作为一种特有的文化资源所产生的效应的研究。

5.2.2　大运河浙江段红色资源的空间分布

以河为线，以城为珠，数线串珠，数珠带面。从隋炀帝杨广笔下轻泻而出的江南运河，再到可追溯至春秋时期山阴故水道的浙东运河，在氤氲骀荡的波光里，杏花绿柳的浙江境内绵延着充溢梦幻美的古老水系。从清脆的橹桨之声到现代船只的破浪之势，古老的航道边，曾经不为人知的传奇历史，正随着大运河国家文化公园的建立，使星星点点的红色光芒，辉映着杭州、宁波、湖州、嘉兴、绍兴5市沿大运河的18个核心区域，这些核心区域分别是：

杭州市拱墅区：拱墅区位于江南运河的最南端，区内水网密布，自隋唐便是杭嘉湖平原丰富物产的重要水运集散之地。江南运河在拱墅区翻跹12千米，而江南运河在杭州境内的终点标志——拱宸桥亦在此区内。在拱墅区祥符街道总管堂社区的石祥路公园内，树立着"三毛一虎"烈士纪念像。"三毛一虎"即袁金毛、费善宝（小名阿毛）、唐阿毛、沈老虎。在土地革命时期，"三毛一虎"在中共中央浙北行动委员会的指导下组织西镇地区40多个村落的村民，发动大规模的农民暴动。为了纪念被捕后仍英勇不屈的他们，拱墅区人民建造了此纪念像。

杭州市江干区（今已撤销，并入上城区）：江干区东毗钱塘江，西依西子湖，中贯江南运河。区内北接江南运河的闸弄口街道，拥有一处为纪念解放战争时期英勇就义的新四军浙东游击纵队金萧线人民抗日自卫队十二烈士而建的"四·二六"十二烈士纪念室。

杭州市下城区（今已撤销，并入拱墅区）：下城区位于杭州中部，区内上塘河与江南运河交汇。1919年11月，浙江省立第一师范学校在下城区内建立。该校学生施存统、俞秀松等人参与创办《浙江新潮》周刊，该刊为浙江省内最早受俄国十月革命影响、宣传社会主义的刊物，而该校师生亦多次掀起学潮，推动了新文化运动的发展。

杭州市萧山区：萧山区位于浙江省北部，区内流淌的萧绍运河是浙东运河的西段。2014年6月22日，包括浙东运河在内的中国大运河项目成功入选世界遗产名录，成为中国第46个世界遗产项目。在浙东运河沿岸的小集镇衙前,中共早期党员沈定一等人于 1921 年 9 月筹办建立了衙前农村小学,并以此为基础开展了广泛的农民运动。而衙前农民运动作为中国共产党成立伊始所领导的第一次农民运动被载入党的史册。直到今天,衙前镇境内所建衙前农民运动纪念馆,仍然保存着珍贵的李成虎烈士墓等历史遗迹。钟阿马烈士墓则位于萧山区佛山村茶墩山南麓,是为土地革命时期领导农民与当地土豪富绅展开斗争,不幸被国民党捕捉并被杀害的共产党员钟阿马烈士所建。萧山革命历史纪念馆位于城厢街道北干山南坡,是缅怀先烈、记录萧山光荣革命历史的所在。

杭州市余杭区:余杭区位于杭嘉湖平原和江南运河的南端。江南运河在余杭区内流经塘栖、崇贤、勾庄等镇街,进入杭州市区。崇贤街道鸭兰村位于江南运河河畔,村内鸭兰港与大运河相通,河道纵横,因此被形象地称为"只有鸭子才能游进来的地方"。小村中的中共鸭兰村党支部旧址,是余杭第一个农村党支部的重要见证。西南山新四军烈士墓位于余杭区仁和街道西南山村,其中葬有由粟裕司令率领的国民革命军新编第四军第一、三纵队所属的第八支队中在余杭云会地区牺牲的 12 名战士遗体。余杭革命烈士纪念碑在余杭区临平街道内,是 1991 年区政府为在新民主主义革命中与新中国成立后牺牲的 100 多名烈士所建。

宁波市海曙区:海曙区位于宁波市的中心区域,区内西塘河为浙东运河乃至中国大运河的重要组成部分。大革命时期,宁波地区最早的党组织中共宁波支部位于今日海曙区的启明女子中学内。

宁波市江北区:江北区位于宁波市西北部,区内慈江、刹子港两段河道为浙东运河的重要组成部分,亦有慈江大闸等重要遗产。慈湖烈士陵园位于江北区慈城慈湖北侧,先后埋葬有朱洪山等几十位共产党人、烈士。庄桥革命历史纪念馆位于江北区庄桥街道,是为纪念在庄桥悠长的革命斗争历史中为党与人民付出过巨大牺牲的烈士们而建的。

宁波市镇海区:镇海区位于宁波市东北部、中国东海沿岸,浙东运河在此区内汇入东海。陈寿昌纪念馆位于镇海区寿昌公园内,是为了纪念为党的事业奋斗不止的共产党人陈寿昌而建的,是宁波市首批市级中共党史教育基地之一。洪桥战斗和马家桥战斗纪念碑位于镇海区九龙湖镇十字路村。洪桥战斗与马家桥战斗均为抗日战争时期新四军与日军、日伪军进行的顽强斗争。为了铭记英雄之浴血奋斗，镇海区政府修建了战斗纪念碑。解放战争时期中共慈镇县工委遗址——思源亭，同样位于镇海区九龙湖镇十字路村。解放战争时期，十字路村的村民与人民解放军一起描绘了一幅幅生动且充满军民鱼水情的美丽图画，20世纪80年代末，区政府在此地建造思源亭，是为记。镇海革命烈士陵园位于镇海区九龙湖镇勤山村，是为解放前牺牲的蒋子瑛等英烈建墓立碑之处。

宁波市北仑区：北仑区位于宁波市东部。蔚斗小学旧址位于北仑区戚家山街道小港直街，在20世纪30年代便成为党组织早期活动的重要场所。在战争年代，蔚斗小学为中共组织培养了一大批革命战士，因此被称为"红色堡垒"。灵山学校旧址位于北仑区大碶街道邬隘村，灵山学校在近百年前曾为宁波早期中共地下党组织的活动地之一，亦有多名共产党员教师帮助掩护党组织开展革命活动。北仑烈士纪念馆位于北仑区霞浦街道方戴村，为纪念在中国共产党的领导下在北仑进行不屈斗争的英雄儿女而建。

宁波市鄞州区：鄞州区是宁波市的核心城区之一，浙东运河在此区内分出支流西塘河。后屠桥革命烈士陵园位于鄞州区集士港镇后屠桥村。抗日战争时期，浙东游击纵队第五支队四中队战士在后屠桥与国民党顽伪军发生战争，我方37位战士壮烈牺牲。新中国成立后，后屠桥革命烈士陵园由鄞县人民政府拨款建立。沙文求烈士故居、烈士墓，位于鄞州区塘溪镇沙村。沙文求是中国共产党早期优秀党员，在广州起义中牺牲。鄞县革命史迹梅园陈列室，位于鄞州区鄞江镇建岙村，是为纪念中国共产党领导的鄞西地区抗日游击战争的豪壮历史而建的。鄞州四明山革命烈士陵园，位于鄞州区章水镇振兴路66号。四明山是抗日战争、解放战争中的重要根据地，为了纪念在这片火热的土地上奋战过的英雄，鄞州区人民政府建立了鄞州四明山革命烈士陵园。

宁波市余姚市：余姚市位于长江三角洲南部，浙东运河分支虞余运河在余姚市曹墅桥与姚江相连。胜归山烈士陵园位于余姚市阳明街道胜山社区，陵园中安葬了80多名在大革命时期、抗日战争时期牺牲的烈士。肖东烈士纪念碑，位于余姚市兰江街道郭相桥村。肖东为共产党员，抗战爆发后在四明山地区积极参与革命斗争,后不幸被敌军杀害。为纪念肖东烈士,余姚市人民政府将"凤亭乡"改为"肖东乡",并在兰江街道建立此纪念碑。浙东四明山抗日根据地旧址群,位于余姚市梁弄镇横坎头村。1943—1945 年,中共浙东区委机关设于此,形成了以梁弄镇为中心的浙东抗日根据地核心区域。新四军浙东游击纵队司令部旧址,位于余姚市梁弄镇东溪村。这里曾经是浙东革命根据地与新四军浙东游击纵队的军事指挥中心。四明山革命烈士纪念碑,位于余姚市梁弄镇如意路,是为纪念在抗日战争、解放战争时期牺牲的烈士而建的重要建筑物。

湖州市南浔区:南浔区位于杭嘉湖平原的北部,区内的頔塘故道是江南运河的支线河道,是大运河在长江三角洲地区延伸和扩展的河段。南浔烈士陵园,位于湖州市南浔镇神墩村,安葬了 40 多位在抗日战争、解放战争和抗美援朝战争中牺牲的革命烈士。

湖州市德清县:德清县位于浙江北部,江南运河中线穿越德清县下属的雷甸镇等乡镇。周恩来与蒋介石莫干山谈判旧址,位于湖州市德清县莫干山。1937 年,周恩来与蒋介石在此进行了国共合作的谈判。旧址一楼陈列室展示了国共谈判的有关资料。中共浙西特委旧址,位于湖州市德清县莫干山。此旧址为抗日战争时期中共浙西特别委员会在浙西的领导机关所在地。谢勃烈士纪念碑,位于湖州市德清县武康镇千秋村八角井。谢勃为中共党员,1940 年在今武康镇召集党的会议时不幸被捕,并在之后被日军残忍杀害。后由中共德清县委、德清县人民政府在谢勃牺牲之处建立纪念碑。莫干山毛泽东下榻处位于湖州市德清县莫干山。1954 年,毛泽东在杭州主持起草《宪法》时,曾到过莫干山,便下榻在此处。

嘉兴市秀洲区:秀洲区是中国共产党的诞生地,区内江南运河王江泾段是大运河由苏入浙的首个站点。施阿钊烈士墓,位于嘉兴市秀洲区洪合镇泰石公墓园。施阿钊为共产党员,抗日战争时期在今秀洲区境内积极组织当地群众开展革命活动,后因执行党的任务而不幸被国民党反动派所捕并被残忍杀害。嘉兴党组织于新中国成立后在洪合乡花木场建立的施阿钊烈士墓,为今之雏形。王洪合、李乐楼烈士陵园,位于嘉兴市秀洲区王店镇洪合村。王洪合、李乐楼分别为新中国成立前进驻王店地区的王店区第一任区委书记、王店区武装干事，两人因在上任初期便发动群众剿匪反霸而遭到当地土匪的嫉恨被暗杀，新中国成立后由当地政府在两位英雄牺牲之地建立陵园。

嘉兴市桐乡市：桐乡市位于浙江省北部，境内河流属长江流域太湖运河水系。江南运河流经市境段长 41.77 千米。全市有几十条主要河道与运河垂直相交。茅盾故居，位于嘉兴市桐乡市乌镇观前街。茅盾为中国革命文艺奠基人之一，并为中国共产党最早的党员之一，新中国成立后，曾任第一任文化部部长。洲泉党史陈列室，位于嘉兴市桐乡市洲泉镇公园路。此陈列室充分展示了洲泉地下党从诞生到发展，再到壮大的辉煌之路。

绍兴市越城区：越城区位于宁绍平原西部，浙东运河在此区境内与曹娥江相交。周恩来祖居及纪念馆，位于绍兴市越城区劳动路。1939 年，周恩来曾来到绍兴祖居与亲友共餐。新中国成立后，出于对周恩来的敬爱，绍兴市人民政府曾多次对周恩来祖居进行修整，并开设周恩来纪念馆。绍兴皋北抗日自卫队成立旧址，位于绍兴市越城区东湖镇后堡村，后由绍兴市相关部门出资修复。抗日战争时期，中共绍兴县委在皋埠区皋北乡筹备成立皋北抗日自卫队——这也是中共领导的绍北平原上的第一支抗日武装力量。越城府山革命烈士墓，位于绍兴市越城区府山公园。此处安葬着在解放战争中英勇牺牲的 60 位烈士。鲁迅故居，位于绍兴市越城区鲁迅中路。鲁迅为我国伟大的现代文学家与思想家，被誉为中华"民族魂"。

绍兴市柯桥区：柯桥区位于绍兴市西北部，区内钱清江故道与浙东运河相交。汤浦岭地下党支部史迹陈列室，位于绍兴区柯桥区平水镇小舜江村。汤浦岭地下党组织成立以后，在党支部负责人黄炳兴的带领下，支部党员秘密开展多项地下工作，并积极发动当地群众开展减租减息等运动，后小舜江村于当地设立此陈列室。中共绍兴独立支部机关旧址，位于绍兴市柯桥区齐贤镇石佛寺内。1926 年中共上海区委派遣绍兴本地籍贯的党员在齐贤镇进行秘密活动，后经中共上海区委批准，在齐贤镇成立中共绍兴独立支部。该支部在下方桥等地曾发动过上万名丝织机业工人进行罢工。柯岩庙山革命烈士陵园，位于绍兴市柯桥街道庙山。陵园内安葬了上百名为绍兴革命事业牺牲的烈士。

绍兴市上虞区：上虞区位于绍兴市东北部，浙东运河在此区境内分流为虞余运河与四十里河。叶天底烈士故居，位于绍兴市上虞区丰惠镇谢家桥村。叶天底为共产党员，创建了上虞地区的第一个中共组织，并积极开展革命斗争，后于杭州国民党浙江陆军监狱就义。许岙战斗纪念馆，位于绍兴市上虞区岭南乡许岙村。1945年，中共浙东区委与新四军浙东游击队纵队曾在许岙一带与国民党军队发生过激战。后中共上虞市委、市新四军研究会、市人民政府、岭南乡政府共同开辟了此纪念馆。上虞革命史迹陈列馆暨新四军北撤会议旧址，位于绍兴市上虞区丰惠镇庙弄社区。此处原本为中共浙东区委机关旧址，后开辟为革命史迹陈列馆暨新四军北撤会议旧址。

5.2.3　浙江红色文化资源的开发与传播

依托作为世界文化遗产的大运河，浙江红色文化资源得到了更为长效的开发与传播。同时，浙江红色文化亦为大运河文化的重要组成部分，其精神资源、现实资源的开掘与发扬是构建大运河文化并完善其内核的关键一环。近年来，浙江省各级人民政府及相关机关，围绕习近平总书记在多次重要讲话中强调的"用好红色资源"的指示精神，在充分把握拥有较长革命斗争历史的优势下，对省内的红色文化资源进行了多种有益探索。当然，红色文化作为革命岁月的精神积淀物，与今天的时代语境存在着错位与裂隙。对于如何将红色文化作为一种精神资源融入当下的社会文化建设中去，思想界与学术界多有论及，正如有学者所指出的："目下红色革命文化的盛行形态，更多的是以一种过去形态出现的，革命历史歌曲、红色革命的老电影及对其的电视剧改编等，在其中，潜在地体现着对今天诸多社会问题的不满、困惑及相应的情感性补偿。在这样的一种过去与现在的关系中，我想，也还是有两个问题是需要我们给以深思的：第一个问题，历史记忆、历史认知与生命记忆、生命活力的关系。红色革命文化在今天得以盛行，与两部分人密切相关：中老年人、青年人。中老年人在青少年时代，是汲取着红色文化资源长大的，当他们在今天普遍地过了'知天命'之年时，伴随着人的生命活力的渐次衰退，对生命活力、人生往事的忆念，就成为一种必然的生命现象、生命需求了，青少年时代所接受的以充满生命激情作为其主要价值特征的红色革命文化,就成为他们实现生命记忆的最好的对象。与中老年人不同,青年一代是因为红色革命文化中的生命激情与自己生命中的青春激情相一致而对红色革命文化给以认同的。但在其中,中老年人与青年人,都面对着一个将生命记忆、生命活力与历史记忆相混同的误区,并在这一误区中丧失了对历史的认知能力——既不能认知红色历史真正的辉煌所在,也忘记了我们对红色历史应有的反思。第二个问题,在对过去的情感性宣泄中,形成了理性应对现在的缺失。如前所述,红色革命文化潜在地体现着对今天诸多社会问题的不满与困惑,但这种不满与困惑,却因在对过去的生命记忆或今天的生命活力的情感的宣泄性满足中而得以释放。然而,在这种释放中,对今天诸多社会问题的困惑与不满却没有得到理性的进一步深入认识,也因此,无助于今天各种社会问题的解决。特别是,我们习惯于激情的满足,习惯于在运动性的社会活动中,获得激情的满足,而时时忘记,社会现实问题的解决,不仅要靠激情,还要靠冷静的科学与理性。我们习惯于以现实问题刺激激情,却对通过激情来促进理性认识还十分陌生。科学发展观的提出,对红色革命文化的这一现代性转换的意义,我们至今也还缺乏深刻的理解。"①

红色文化对于当代中国人而言,不仅是一种思想价值体系,而且联系着特定的历史情感与历史记忆。正因如此,红色文化除精神价值之外还包含着丰富的经济价值。其中,红色旅游的开发便是这种价值效应的体现,这也为在市场经济时代继承和弘扬红色文化提供了有力的现实支撑。为贯彻中央关于发展红色旅游的指示,中共中央办公厅和国务院制定印发了《2004—2010 年全国红色旅游发展规划纲要》(简称《规划纲要》),全面系统地指导和发展红色主题的旅游活动。《规划纲要》指出,发展红色旅游的主要任务是,建设红色旅游精品体系、红色旅游配套交通体系、红色旅游资源保护体系、红色旅游宣传推广体系、红色旅游产业运作体系。在关于发展红色旅游的总体布局中,《规划纲要》要求围绕 8 个方面的内容,培育 12 个重点红色旅游区,组织规划 300 条红色旅游精品线路,重点建设 100 个红色旅游经典景

① 傅书华:《红色革命文化的现代性转换》,《创作与评论》2012 年第 1 期,第 89—90 页。

区。在关于发展红色旅游的主要措施中,《规划纲要》强调:要加强组织领导,明确责任分工;要落实规划要求,塑造整体品牌;要加大投入力度,推进开发保护;要加强宣传教育,做好规范管理。发展红色旅游要实现以下六大目标:第一,加快红色旅游发展,使之成为爱国主义教育的重要阵地。2004—2007 年参加红色旅游人数的增长率要达到 15％左右,2008—2010 年要达到 18％左右。第二,培育形成 12 个重点红色旅游区,使其成为主题鲜明、交通便利、服务配套、吸引力强,在国内外有较大影响的旅游目的地。第三,配套完善 300 条红色旅游精品线路,使其成为产品项目成熟、红色旅游与其他旅游项目密切结合、交通连接顺畅、选择性和适应性强、受广大旅游者普遍欢迎的热点旅游线路。第四,重点打造 100 个红色旅游经典景区,使80％以上的景区达到国家旅游景区 3A 级以上标准,其中 40％要达到 4A 级标准。到 2007 年,争取有 50 个红色旅游经典景区年接待规模达到 50 万人次以上;到 2010 年,争取有 80 个红色旅游经典景区年接待规模达到 50 万人次以上。第五,重点改革历史文化遗产的挖掘、整理、保护、展示和宣讲等方面,使其达到国内先进水平,列入全国重点文物保护单位的革命历史文化遗产,在规划期内普遍得到修缮。第六,实现红色旅游产业化,使其成为带动革命老区发展的优势产业。红色旅游的产业化发展,为红色文化的传播提供了有效的途径,这同时也使其在市场经济体系中具有了自身合理存在的价值空间。

进入 21 世纪以来,浙江省"十一五"规划、"十二五"规划、"十三五"规划皆在红色旅游发展方面提出了有力举措:"十一五"规划明确"十一五"期间每年省级专项资金安排不低于 2000 万元,争取在"十一五"期间专项资金总额超过 1 亿元,主要用于支持和引导列入国家重点名录的项目,列入省红色旅游规划的经典景区、精品线路和重要景点的项目建设,并注重向欠发达地区和革命老区倾斜①;"十二五"规划提出将加强省内红色旅游资源的融合发

---

① 浙江省红色旅游工作协调小组办公室:《浙江省红色旅游发展规划(2006—2010年)》,2014 年 2 月 24 日,https://www.doc88.com/p-0072028149600.html? r＝1,2022 年12 月 20 日。

展,健全红色旅游精品创建体系,推进区域与区域之间的交流,并优化形成多条红色主题鲜明、突出的旅游线路;"十三五"规划指明创新红色旅游开发与运营体制机制、完善红色旅游景区体系建设、提升红色旅游展陈与教育水平、强化红色旅游人才队伍建设、拓展红色旅游宣传营销渠道等五大发展目标。在这样有层次的布局之下,浙江红色文化资源的开发得到了现实性的保障。新经济常态下,浙江红色旅游业的发展呈现大好趋势。

其中,在杭州、宁波、湖州、嘉兴、绍兴5市,嘉湖红色旅游片区"中国共产党诞生的摇篮"的主题形象、杭绍红色旅游片区"人文胜地"的主题形象与甬舟红色旅游片区"红色浙东"的主题形象,成为主题突出、综合发展的大运河红色旅游示范模板。

此外,省内国家级红色旅游经典景区——嘉兴市南湖风景名胜区、绍兴市鲁迅故居及其纪念馆、宁波市四明山抗日根据地旧址、湖州市新四军苏浙军区旧址、杭州市富阳区侵浙日军投降仪式旧址均在国家红色旅游发展纲领、浙江省红色旅游发展规划的双线引导之下,与完善的景区管理体系相配套,实现经济与社会效益的双赢。比如:风景秀丽的南湖与南湖"红船"精神;有滋有味的绍兴黄酒、臭豆腐与《鲁迅全集》;丹山赤水与四明山烈士陵园;度假村与"江南小延安";富春江与日军受降亭。在城市旅游与红色旅游的整合中,旅游者能在丰富、鲜活的旅游体验中耳濡目染地接受党史知识、爱国思想的深刻教育。

2020年10月在台州举行的中国红色旅游推广联盟年会暨革命精神传承发展现场会上,全国24个联盟成员单位联合推出百余条红色旅游精品路线。"嘉兴—湖州—杭州"红色精神之旅等4条浙江省推送的精品路线入选。此类混合型旅游路线近年来亦在旅游市场中受到欢迎。通过红色旅游景区与红色旅游路线的点线结合,浙江省红色旅游名片更加锃亮。而作为浙江红色文化的重要组成部分与特殊表现形式,浙江红色旅游融合当下新兴传播形式,以多种人民大众喜闻乐见的方式满足游客们的精神文化需求,如以红军文化为主的亲子体验基地、博物馆里播放的红色电影、旅行社与外省红色影视基地的合作等。此外,譬如在四明山烈士陵园中展示的真实历史照片、文物与资料,这些都大大改善了受众者的体验。

2021年是中国共产党建党100年的重要年份,与建党有关的电视剧《觉醒年代》成为热门话题,而浙江的一些红色旅游地也在黄金周成为旅客争先打卡的"网红"。绍兴市的周恩来纪念馆与鲁迅故居、嘉兴市的南湖风景区……这些"网红"红色旅游地的人气,于景区而言,是其能适时跟上当下营销热点,并将其配套设施、精神资源优势发挥到最大的相应回馈。

5.3　大运河浙江段红色文化资源的特色及其精神价值

5.3.1　大运河浙江段红色文化资源的独特性

2021年1月26日,浙江省第十三届人民代表大会第五次会议在杭州召开,会议上由浙江省省长郑栅洁所做的政府工作报告中有关红色文化资源未来工作的部署有如下几条:深入推进大运河国家文化公园建设,创建国家全域旅游示范省;坚持以社会主义核心价值观为引领,大力弘扬红船精神、浙江精神;深入实施红色基因薪火行动。①

由此可见,现阶段乃至不久的将来,建设大运河国家文化公园与开发、利用红色文化资源仍然是未完待续的任务。怎样精准实施新时代浙江文化工程?2003年,习近平总书记在浙江工作时提出"八八战略",其中第八个方面的举措即为进一步发挥浙江的人文优势,积极推进科教兴省、人才强省,加快建设文化大省。2020年,习近平总书记又赋予浙江"努力成为新时代全面展示中国特色社会主义制度优越性的重要窗口"的新目标新定位。从"八八战略"再到"重要窗口",浙江人民在齐心协力走在发展道路上时,对中国特色社会主义制度优越性的把握与理解便是发展的重要保障。

而红色文化、红色传统,正是中国特色社会主义的根基之一。中国特色社会主义的发展与推进,少不了红色文化的助力,它亦为"三个自信"的重要

---

① 《浙江2021年文旅工作部署出炉!》,2021年2月2日,https://baijiahao.baidu.com/s?id=1690571769127513296,2022年12月20日。

来源。中国共产党与中国人民,在长期的革命中,逐渐形成了直到今天还在焕发着强大生命力的红色文化。可以说,在中国特色社会主义发展的广阔前景中,红色文化正与中国同行。

作为革命历史悠久的省份,浙江的红色文化资源仅仅在空间上便存在普遍性特征。浙江省被纳入国家《大运河文化保护传承利用规划纲要》的18个核心区域,拥有许许多多的红色文化资源。革命烈士纪念建筑物有杭州市拱墅区的"三毛一虎"烈士纪念像,宁波市江北区的慈湖烈士陵园,湖州市南浔区的南浔烈士陵园,嘉兴市秀洲区的王洪合、李乐楼烈士陵园,等等;院校旧址有杭州市拱墅区的浙江省立第一师范学校等;党支部旧址有杭州市余杭区的中共鸭兰村党支部、宁波市海曙区的中共宁波支部等;红色人物故居、祖居有绍兴市越城区的周恩来祖居与鲁迅故居、嘉兴市桐乡市的茅盾故居等。当然,红色文化资源在浙江空间上的分布非常密集。总之,这种普遍性对于新时代的浙江来说有着重大的激励意义,亦丰富了广大浙江人民的日常文化生活,有助于优秀社会风气的生成与维持。

除空间上的普遍性特征以外,浙江红色文化资源还存在先进的实践性特点。习近平总书记在浙江留下"八八战略"这样严谨完备的理论体系,这是属于浙江的宝贵财富,为浙江红色文化资源注入了新动能。在经济发展之外,文化,尤其是红色文化也在日益融入新时代。"让红色文化资源活起来",要在新时代传播红色革命精神,便需要做到载体与阵地的融合。例如:四明山抗日革命根据地旧址曾举办过多次主题党日活动,宁波市团委号召组织少先队员积极参与红色研学的路线设计活动,等等。浙江红色文化资源的开发注重实践性,在不同的实践活动中展现、传播红色历史。

拱墅区人民自发建设"三毛一虎"烈士纪念像;因中共鸭兰村支部旧址需要改造设碑,鸭兰村村民捐出自家房址;余姚市以革命烈士的姓名命名乡镇;小舜江村村民在村中自发设立汤浦岭地下党支部史迹陈列室。诸如此类人民群众自觉保留与珍视红色记忆的案例,亦体现了浙江域内红色文化资源的人民性。回溯浙江红色革命历史长河,人民群众是其主体组成部分,人民群众的集体智慧不容忽略。在中国共产党的引领下,广大人民群众在革命斗争中催生出的自强不息、艰苦奋斗、热爱祖国的美好品质,一直延续到了今天。以红色文化为代表的先进文化,之所以能在新时代体现出资源的特质,与其符合且代表人民群众的利益亦有无法分割的联系。实现人民解放、实现人民当家作主,是处于红色文化产生的革命社会背景下,中国共产党所致力的高尚目标。同时,人民群众在自发弘扬、传承红色文化的过程中,也在不断为红色文化资源注入他们的理解,拓展了红色文化资源的发展空间。

5.3.2 "浙里红"品牌的推广及其示范性

2005年,习近平总书记在浙江工作时曾以"同大学生谈人生"为主题在浙江省人民大会堂为在杭的青年学生做了一次报告。在报告中,习近平总书记强调大学生是祖国的未来、民族的希望,大学生必须树立正确的理想信念。党的十八大以来,习近平围绕青年与青年工作,更是提出了一系列具有深刻洞察力的战略部署与决策。从以科学的方式对待、分析青年工作到培养青年的社会主义核心价值观、促进青年的全面健康发展,在系统而科学的习近平新时代青年思想的指导下,面对如何引导青年树立正确的"三观"与理想信念的问题,浙江省交出了以"浙里红"品牌为代表的最佳答卷。

2020年5月29日,经过近1年的准备工作,浙江省正式推出红色教育与红色旅游品牌"浙里红"。其中公布的首批10个"浙里红"红色基地为嘉兴市的南湖革命纪念馆、温州市的十三军纪念馆、温州市的中共浙江省一大会址与中国工农红军挺进师纪念园、杭州市的中国工农红军北上抗日先遣队纪念馆、杭州市的云溪小镇与城市大脑、丽水市的浙西南革命根据地纪念馆、湖州市的新四军苏浙军区、湖州市的余村和鲁家村"两山学院"、余姚市的四明山抗日根据地和横坎头乡综合体、台州市的一江山岛与大陈岛。"浙里红"红色教育基地将红色教育与红色旅游相结合,充分利用了浙江得天独厚的红色文化资源优势。

如何在后疫情时代复苏的旅游业中做好名片、打响名号?浙江省旅游集团认真学习习近平新时代中国特色社会主义思想体系,在把握省内丰富的红色文化资源的现实情况下,致力于将"浙里红"品牌打磨为浙江"重要窗口"的展示台。

"浙里红"品牌三大系列——革命、足迹、青春中的青春对标青年群体，"浙里红"在首批 10 个红色教育基地中创造性地将主题党日、主题团日等相关活动与青年革命教育相结合，并通过新颖的沉浸体验式、故事再现式、任务打卡式等形式，构建了生动活泼的教育模式，使红色文化资源成为另一种思政素材。

在创造力十足的教育模式以外，"浙里红"品牌以培育全国性的红色旅游品牌、红色教育品牌为目标，与浙江广播电视集团达成了深度合作。浙江广播电视集团是浙江省内重要的意识形态传播平台，其在集团下属的交互式网络电视中与"浙里红"品牌合作推出"浙里红"品牌相关互动专区。由此，数以万计的交互式网络电视覆盖家庭，人们足不出户便能体悟到浙江红色旅游与红色教育的魅力。

以时代包容红色文化资源，以红色文化资源触摸时代。"浙里红"品牌将红色文化资源融入原本较为单一的旅游服务体系中，在如画风景之外深挖红色文化资源内涵。"绿水青山就是金山银山"，习近平总书记在浙江提出的科学论断对于文旅发展而言是一种全新的启发。经济建设与环境保护的和谐并存，让蓝色的运河城市多了一重绿色的美。蓝色、绿色以外，浙江又及时注意到那一抹浓重的红色。于是，通过资源整合，蓝色、绿色的生态与红色的文化相融，极大地丰富了浙江的旅游产品。

毋庸置疑，"浙里红"品牌是浙江为建党百年献上的一份独特礼物。中国共产党成立、抗日战争、解放战争、改革开放……一系列蕴含着不同却又一致的思想的红色文化资源为建设"重要窗口"贡献了力量。浙江也始终以支持"浙里红"等红色品牌为战略，使红色旅游与红色教育渐渐成为传播浙江红色文化的新载体。

而"浙里红"品牌也在红色资源的开发问题上为其他省份提供了有关开发、传播红色文化资源的新对策。以"浙里红"首批红色教育基地为例，南湖革命纪念馆等基地皆保留了其基本面貌，只在体验形式上做出了无害的创新，并不过度利用、发散。而在"浙里红"品牌的开发阶段，浙江省旅游集团便邀请来自不同省份的党史研究专家进行专业讨论，还选送相关工作人员赴井冈山等业已形成成熟体系的红色教育先进地区进行学习。同时，为了完美打磨"浙里红"品牌,浙江省旅游集团成立工作专组,全力为浙江红色文化资源的开发与推广献力。在"浙里红"品牌的准备阶段,浙江省委宣传部等部门亦积极指导浙江省旅游集团开展相关工作。

对浙江省内丰富的红色文化资源进行的探索与开发仍处于未完成阶段。要形成有中国特色、浙江特色的红色文化资源体系,就需要不断学习新时代中国特色社会主义思想,在把握其与时俱进先进内核的同时,及时将其运用到浙江红色文化资源开发的现实工作中去。红色文化是中国当代文化社会主义属性的重要体现。红色文化所表达、传递和显示出的思想内涵、价值取向与美学风格,已成为中国当代思想文化领域十分重要的思想资源、价值资源与精神资源。对红色文化及其资源价值的探究在今天显然有深入的必要。需要探讨红色文化的思想资源及精神价值与当下文化语境及社会思潮的契合性与对接性的问题;需要研究红色文化的思想资源与精神价值作为一种主流价值观的承载在今天如何有效地表达和传递的问题;需要对当下复杂多样的红色文化的价值内涵进行梳理和辨析;需要站在今天的高度对红色文化资源价值的合目的性、合规律性、合逻辑性成分进行深入分析。20世纪80年代的启蒙文化思潮改变了红色文化与社会主义革命实践之间单一的同构关系,而伴随着中国特色社会主义建设的深入推进,红色文化及其资源价值面对的是多种文化思想的审视与考量,而它自身的价值建构也在这种多元文化语境中发生裂变。后革命、消费主义等文化思潮与红色文化资源价值体系之间或吸纳或消解或重构的关系,使红色文化的思想资源及精神价值在这种多元文化格局下发生变异、位移。

毫无疑问,我们今天正置身于一个多元文化思想交织并存的时代,在这样的时代,红色文化及其所承载的思想资源与精神价值也面临着一系列新的问题,需要对其进行深入的辨析、考察和评估。红色文化既是一个历史的存在,也是一个当下的存在。红色文化曾经存在于一种基于冷战格局而形成的社会主义红色革命文化的单一语境之中。20世纪80年代启蒙主义思潮兴起后,人们对50—70年代红色文化的价值体系有所反思。由此,红色文化开始被置于一种多元共生的文化语境之中,这种语境在进入20世纪90年代尤其是21世纪以来变得更加复杂。从追求现代化到探讨现代性,从启蒙到后现代,从商品经济到全球资本市场的到来,当代中国的思想文化语境经历了深刻的变迁。正是在这样的语境下,红色文化所承载的思想资源与精神价值开始趋于复杂化,其思想价值体系中有了多种思想因子与文化力量的介入。其中,既有意识形态建设的文化需求,也有消费主义引导下资本市场及商业因素的存在;既有民间带有怀旧色彩的集体记忆的承载,也有精英知识分子的学术探究与思想表达。红色文化所置身的多元文化语境,使有关红色文化现象及其资源价值的评判与探讨成为极具当下意义的理论问题。

总的来看,红色文化经验及其资源价值是中国当代文化领域的公共资源,红色文化在其演进的过程中形成了一系列重要命题,如革命伦理、英雄主义等,这些命题均有其丰富的思想价值内涵。作为一种价值资源,红色文化涉及当下中国一系列诸如社会主义核心价值观、价值观输出、中国特色社会主义文化建设等重大的思想文化命题。可以说,中国当代红色文化承载着中国社会主义革命与实践的现代性内涵,与中国现代民族国家形象的打造紧密相连,同时它也是中国特色社会主义文化建设的重要组成部分。此外,更为重要的是有必要深入探究红色文化资源的当下性如何体现在其空间性的呈现、转化与开发上的问题。红色文化资源的空间性呈现主要体现为不同地方将红色文化作为一种特有的历史资源、文化资源、价值资源所进行的开发、保护与利用,这也是红色文化资源当下性的一个重要特点与现象,比如重庆市沙坪坝区歌乐山的白公馆与渣滓洞景区、江苏常熟的沙家浜风景区、海南省琼海市所建造的红色娘子军纪念园等。再者,可以看到,对红色文化资源的传播与阐释是持续进行的,红色文化在不断地被讲述、阐释、改编的过程中,其资源价值得到了极为充分的开掘。2018 年 3 月,习近平总书记回信勉励余姚市横坎头村全体党员传承好红色基因,并表示为横坎头村能在新时代通过发展红色旅游等因地制宜的方式奔小康而感到欣慰。正如革命老区横坎头村对当地红色文化资源的准确开发与利用一般,"浙里红"品牌所推介的红色旅游点与红色教育点,都有鲜明的地域特色。没有生搬硬套、弄虚作假,当地的红色文化资源与优质、突出资源贯彻了统筹发展的原则。例如,嘉兴市的南湖革命纪念馆除了"开天辟地"的红船精神,亦有以南湖、运河水系为代表的生态性文化资源,明人挖泥填湖的历史性文化资源,还有以嘉兴粽子为代表的非遗资源。由此观之,开发红色文化资源应当与开发生态性文化资源等合力,才能做到红色文化资源的综合效益最大化。

6

浙江大运河遗产价值与综合性"重要窗口"建设策略

2020年习近平总书记到浙江考察调研,赋予浙江"努力成为新时代全面展示中国特色社会主义制度优越性的重要窗口"的新目标新定位,并要求浙江"生态文明建设要先行示范",把绿水青山建得更美,把金山银山做得更大,让绿色成为浙江发展最动人的色彩。从政治的维度看,建设"重要窗口"是政治上的自觉,是浙江践行"两个维护"最直接、最具体、最生动的体现。从历史的维度看,"重要窗口"植根于"三个地"的深厚基础,同时又彰显了"三个地"的新时代方位。从战略的维度看,建设"重要窗口"是对浙江从省域层面彰显"四个自信"而提出的较高要求。从实践的维度看,建设"重要窗口"为浙江做好各项工作提供了科学指引,为浙江加快"两个高水平"建设注入了新动力。在这一新起点上,浙江省要充分彰显"三个地"的作为,当好"重要窗口"的合格建设者、维护者、展示者,增强"窗口"意识,立起"窗口"标准,强化"窗口"担当,以知责知重、尽责有为的实干投入大考检验,以"争当排头兵"的使命扛起这一示范责任。

京杭大运河不仅是一条纵贯南北,贯通海河、黄河、淮河、长江、钱塘江五大水系的空间长河,更是一条贯穿中国整个古代文明史的时间长河,还是维系中国社会政治稳定的生命之河。世界遗产委员会认为,大运河反映出中国人民高超的智慧、决心和勇气,以及东方文明在水利技术和管理能力方面的杰出成就。历经2000多年的持续发展与演变,大运河至今仍发挥着重要的交通、运输、行洪、灌溉、输水等作用，在保障中国经济繁荣和社会稳定方面发挥了重要的作用。国内有关专家表示，大运河保护和申遗始终坚持将运河遗产保护与延续运河功能相结合，申遗的过程也是保护的过程，推动保护和申遗工作有助于引导并推动沿岸城市文化品位的提升、沿岸民众的生活环境和品质的改善。

2014 年 6 月 22 日，中国大运河被列入世界遗产名录。打造大运河文化带，深入挖掘大运河丰富的历史文化资源，保护好、传承好、利用好大运河这一祖先留给我们的宝贵遗产，是新时代党中央、国务院做出的一项重大决策。2019 年 2 月，中共中央办公厅、国务院办公厅印发《大运河文化保护传承利用规划纲要》，将大运河流经的北京、天津、河北、山东、河南、安徽、江苏、浙江等 8 省（市）列为大运河文化带建设范围。同年 12 月，中共中央办公厅、国务院办公厅印发《长城、大运河、长征国家文化公园建设方案》，推进大运河国家文化公园建设，打造中华文化标志是贯彻落实习近平总书记重要指示精神和党中央、国务院重要决策部署的具体行动。

浙江省和杭州市历来高度重视运河文化工作。2019 年 12 月浙江省人民政府通过《浙江省大运河文化保护传承利用实施规划》，积极推进大运河国家文化公园浙江段的规划建设。浙江作为习近平总书记所要求建设的"重要窗口"，应该高水平建设大运河文化保护传承利用的浙江样本；2023 年杭州迎来亚运会这一难得的历史机遇，浙江应该在"运河国家文化公园"及"重要窗口"定位中的特色角色方面展开研究与调查。作为中国大运河重要组成部分的浙江段大运河，如何立足全国，面向世界，构建具有独特历史文化特征的国家"文明窗口"？我们可以考察下国内外运河遗产及重点运河城市品牌建设方面的经验，吸收创新。

6.1 打造大运河国家文化公园浙江综合性"重要窗口"的方向和目标

从历史的维度看，"重要窗口"植根于"三个地"的深厚基础，同时又彰显了"三个地"的新时代方位。如果把建设"重要窗口"放在 40 多年改革开放史、70 多年新中国史、100 多年党史、180 多年中华民族近代不屈抗争史以及 500 多年社会主义发展史的大历史背景下来看，就能更加全面、深刻、厚重地感受到，建设"重要窗口"有着历史与逻辑的必然性。我们一定要站在"两个 100 年"的历史交汇点上，放眼中华民族伟大复兴的战略全局和世界百年未有之大变局，深刻把握建设"重要窗口"分量之厚重、责任之重大、使命之光荣，充分展示坚持和发展中国特色社会主义的辉煌成就、火热实践和光明前景，奋力书写"重要窗口"从历史中走来、在现实中走好、向未来走远的恢宏篇章。

从战略的维度看，建设"重要窗口"是对浙江从省域层面彰显"四个自信"而提出的较高要求。习近平总书记考察浙江期间，赋予浙江建设"重要窗口"的新目标新定位，是从国内与国际两个大局、发展与安全两件大事、当前与长远两个时期的角度做出的深远战略考量，实际上是从战略上赋予浙江全面展示中国特色社会主义制度优越性的重大使命。我们一定要以争当学懂、弄通、做实习近平新时代中国特色社会主义思想排头兵的自觉，统筹推进"五位一体"总体布局、协调推进"四个全面"战略布局，从全国一盘棋的大局、全球一体化的大潮流、人类命运共同体的大命题，推动浙江全面提升制度建设整体水平，增强制度综合竞争力，努力取得更有说服力、影响力的实践成果、制度成果、理论成果。

从实践的维度看，建设"重要窗口"为浙江做好各项工作提供了科学指引，为浙江加快"两个高水平"建设注入了新动力。在从高水平全面建成小康社会到开启高水平推进社会主义现代化建设新征程的关键转换点上，习近平总书记为我们向第二个百年奋斗目标进军、迎来浙江更加美好的明天注入了"百尺竿头，更进一步"的加压之力、"面向现代化、拥抱现代化"的驱动之力、"以稳求进，以进固稳"的笃定之力。我们一定要对标最高最好最优、有站位有担当有特色，不断找差距、提层次、抓落实，努力展示全领域、全方位、全过程的浙江大运河"重要窗口"整体形象。

总体而言，"十四五"期间打造浙江大运河综合性示范"重要窗口"应重点围绕以下目标：

第一,对成为浙江、中国乃至世界运河文旅融合发展的重要示范基地与样板,具有极大价值和现实意义;

第二,为未来发展方向指出多种可能性,全方位考虑问题,为浙江大运河综合性示范"重要窗口"的打造找到最适宜的发展道路;

第三,充分弥补浙江大运河综合性示范"重要窗口"未来发展规划的理论缺失,为下一步的实践做技术支撑,同时为其他城市、省份做理论铺垫;

第四,促进综合性"重要窗口"的打造,从而为浙江带来无可替代的经济价值;

第五,增强示范性,引领国内大运河文化传承保护利用的方向。

6.2 国外运河遗产传承保护情况

截至 2014 年 5 月,世界遗产名录中共有 5 处运河遗产。它们分别是法国的米迪运河、比利时的中央运河、加拿大的里多运河、英国的旁特斯沃泰水道桥与运河、荷兰的阿姆斯特丹运河环形区域。世界遗产名录中的运河都修建于 17—19 世纪。由于能源动力和建筑材料的革命性突破,建造大型船闸、大坝成为可能。它们是欧美同一技术体系之下不同特点的运河建造的范例,代表了不同时期、不同技术的发展阶段,因不同功能需求而各自创造并传承的特点,均为工业革命时期水利规划与工程技术的典范。米迪运河适用的法规是《公共水域及运河条例》,该条例管辖法国境内所有水道,设有专门章节(第 236—245 条)规定米迪运河的管理,米迪运河也是该条例中唯一享有专门章节规定待遇的法国境内水道。其中第 245 条规定了运河管理部门和沿线乡镇对运河的保护和维护职责。米迪运河上的若干设施早在 1913 年的法令中就被列为历史纪念物,还有若干遗址和景观也在 1930 年的法令中被列为受保护遗址和景观。

对米迪运河的管理与保护,主要是针对运河本体和运河沿线相关的水利工程遗产。在米迪运河流过的法国南部地区,散布着众多中世纪的小镇,罗马时期、中世纪和文艺复兴时期的教堂,远古洞穴遗址,古老的葡萄酒庄园,小巧精致的特色博物馆。而浙江段大运河与米迪运河一样,现在依然存在于人民的生活中,并未退出历史舞台。可见,除了运河河道本体,运河沿线水利工程以及当代新建的具有重大意义的船闸、水利枢纽等,也应成为构建当地文化形象的重要内容。

比利时中央运河上的 4 座船舶升降机靠近位于瓦隆的拉卢维耶尔镇,被归为"瓦隆的重大遗产"和世界遗产。比利时中央运河上的这 4 架升船机因其建筑和历史价值,于 1998 年被联合国教科文组织列入世界遗产名录。其完整的入选名称是"拉卢维耶尔和勒罗尔克斯中央运河上的 4 座升船机及其周边设施"。目前,4 架升船机仍可运行,供游客参观,但不再具备商贸通航功能。比利时中央运河遗产更多反映的是 19 世纪末 20 世纪初世界高水平的运河工程技术。这 4 座升船机已经成为比利时运河文明的象征。

里多运河又译作丽都运河,是建于 19 世纪初的一条伟大的运河,包含了丽多河和卡坦拉基河长达 202 千米的河段,北起渥太华,南接安大略湖金斯顿港。在英美两国争相控制这一区域之际,英国为战略军事目的开凿了这条运河。里多运河是首批专为蒸汽船设计的运河之一,防御工事群是它的另一个特色。现在,里多运河最为人所知的美誉当数"世界最长的滑冰场"。每年 2 月中旬渥太华都会在冰冻后的里多运河举办热闹非凡的冬季狂欢节。冬季狂欢节的所有活动都围绕冰雪题材展开,它的特色除了有冰雕展、雪橇活动、破冰船之旅外,还有冰上曲棍球赛、雪鞋竞走以及冰上驾马比赛等精彩活动。冬庆节已经成为渥太华一个重要的标志,同时也是整个北美洲地区最吸引人的冬季旅游活动之一。而在世界最长的溜冰场——里多运河上滑冰则是冬庆节中最具特色的项目,冬季的渥太华已成为加拿大滑冰爱好者的首选之地。借助里多运河线性特征,加之利用寒冷的气候条件,渥太华反而开发出冬庆节以及"世界最长的滑冰场"这样的文旅标志性项目,让运河遗产"活"起来。里多运河利用极端气候条件,开发出冬庆节这样的节日盛会,这对于浙江打造大运河文化"重要窗口"具有重要的启发意义。

旁特斯沃泰水道桥与运河建于 1795—1805 年,从威尔士雷瑟哈姆自治市的马蹄瀑布至英格兰德比郡的格勒德里德,全长 18 千米。水道桥的建设应用浇铸与锻铁来强化高架水道拱形桥的弧形结构,重量轻而坚固,是金属用于工程建设之创举,这个既雄伟又优雅的金属建筑是一座里程碑式的建筑杰作。目前,旁特斯沃泰水道桥已经成为威尔士重要的旅游产品项目。许多游客都喜欢去高空中的运河上乘坐游船或开展个人娱乐项目。这样融入现代旅游业的水道桥与运河也成为威尔士的一个重要文化标志。

阿姆斯特丹的运河总长度超过 100 千米,拥有大约 90 座岛屿和 1500 座桥梁,阿姆斯特丹由此被称为"北方的威尼斯"。3 条主要的运河——绅士运河、王子运河和皇帝运河,开挖于 17 世纪的荷兰黄金时代,组成环绕城市的同心带,称为运河带,主要运河沿线有 1550 座纪念建筑。阿姆斯特丹运河体系的形成主要是合理的城市规划的结果。而阿姆斯特丹这个城市得到"北方威尼斯"这样的品牌 IP,也是因为它的运河城市体系。

杭州内运河河道众多。如何深入挖掘杭州段大运河文化遗产价值,构建多层次的浙江大运河文化形象,开发出符合历史演变而又满足现代人生活所需的运河城市旅游产品,是值得我们思考的。

6.3 浙江大运河文明特征在遗产标志物上的体现

大运河是世界上唯一一个为确保粮食运输(漕运)安全,以达到稳定政权、维持帝国统一的目的,由国家投资开凿和管理的巨大工程体系。它是解决中国南北社会和自然资源不平衡问题的重要措施,以世所罕见的时间与空间尺度,展现了农业文明时期人工运河发展的悠久历史阶段,代表了工业革命前水利水运工程的杰出成就。它实现了在广大国土范围内南北资源和物产的大跨度调配,沟通了国家的政治中心与经济中心,促进了不同地域间的经济、文化交流,在国家统一、政权稳定、经济繁荣、文化交流和科技发展等方面发挥了不可替代的作用。中国大运河由于其广阔的时空跨度、巨大的成就、深远的影响而成为文明的摇篮。

中国大运河代表了不同文明阶段的工程技术成就。发端并形成于农业技术体系之下的大运河工程建设只能依靠有限的土、木、砖石乃至芦苇等材料。在没有石化动力,只能依靠人力、畜力的时代,在没有现代测绘与泥沙动力学等科学技术的支撑下,人们凭借空前的想象力与长时期的实践积累,完成了在广大空间范围内的水利资源勘察与线路规划,运用了多项技术发明建造了大型枢纽工程。

从中国大运河申遗所提出并且约定的浙江境内大运河线性遗产内容主要包括江南运河嘉兴—杭州段(所包含河道有苏州塘、杭州塘、崇长港、上塘河、杭州中河、龙山河),江南运河南浔段(所包含河道有顿塘故道),浙东运河杭州萧山—绍兴段(所包含河道有西兴运河、绍兴城内运河、护城河、山阴故水道),浙东运河上虞—余姚段(所包含河道有虞余运河),浙东运河宁波段(所包含河道有慈江、刹子港)以及宁波三江口。我们对浙江大运河文明内涵的认识范围与代表性遗产标志物的认定也主要从上述范围进行解构。在浙江大运河遗产的认识、保护和发展的后申遗时代,我们必须立足本土遗产话语,充分解读和弘扬运河遗产的突出普遍性价值,同时力求再现地方灵韵(aura)和运河遗产的本土意义,以期在运河遗产的保护和利用中,真正做到还河于民、治河利民。

6.3.1 世界五大运河示范性价值比较

对比世界五大运河系统,它们具有的世界遗产标准与中国大运河各有不同(如表 6-1 所示)。

表 6-1 世界五大运河基本情况

运河名称	建造时间	基本面貌	突出普遍性价值
法国米迪运河	1667—1694 年	总长 360 千米,整个航运水系通过船闸、沟渠、桥梁、隧道等 328 个大小不等的人工建筑,连接了地中海和大西洋,创造了世界近代史上最伟大的土木工程杰作之一。运河与周边环境巧妙、和谐地融为一体	标准一、标准二、标准四、标准六
比利时中央运河	19 世纪末20 世纪初	正式名称是"拉卢维耶尔和凯罗克斯中央运河上的 4 座升船机及其周边设施"。有 4 座液压船舶吊车,是终极水平的工业杰作,加上运河本身及其附属设施,构成了一幅 19 世纪末的工业全景图,保存十分完好	标准三、标准四

运河名称	建造时间	基本面貌	突出普遍性价值
加拿大里多运河	19 世纪初	东达大西洋,向西则通往北美五大湖区,全长 202 千米,英国人为与美国争夺这一区域的控制权而开凿运河,沿河共建有 47 座船闸和 53 个水坝,是 19 世纪工程技术的杰作之一。里多运河是最早的专为蒸汽船设计的运河之一,沿河的防御工事群也是它的一大特征	标准一、标准四
英国旁特斯沃泰水道桥与运河	1795—1805 年	位于威尔士东北部,全长 18 千米。该运河在艰难的地理环境中开凿,浇铸和锻铁工艺的应用使水道桥的桥拱轻盈而坚固。该运河是工业革命时期土木工程的杰作。遗产反映了其在内河航运、土木工程、土地利用规划和铁的应用等方面的国际交流和影响	标准一、标准二、标准四
荷兰辛格尔运河以内的 17 世纪阿姆斯特丹运河环形区域	16 世纪末至 17 世纪	是建造一座新的"港口城市"运动的成果。阿姆斯特丹运河网络的修建是一个长期过程,主要任务是通过运河来排干同心弧形沼泽地,并填平中间的空地来扩大城市空间	标准一、标准二、标准四

而根据世界遗产名录鉴定结果,中国大运河具有与世界上其他运河遗产不同的价值特征——中国大运河能够符合世界遗产标准的一、三、四、六条。中国大运河拥有悠久的开发历史及中央帝国模式的管理制度,其遗产在考古、技术与城市景观等方面的价值和丰富性是世界上其他运河无法比拟的。这一点,也得到国际古迹遗址理事会的认同。

6.3.2 浙江大运河的突出普遍性价值内容及其示范性

浙江大运河以其特有的物质文化遗产和非物质文化遗产价值,彰显了大运河所具有的 4 个突出普遍性价值。具体表现内容如下:

第一,作为人类创造精神的代表作,浙江段大运河在工程设施和水利技术、管理等方面,体现出中国人高超的智慧、决心和勇气,以及浙江人民在水利技术和管理方面的杰出成就。浙江段大运河主要河道至今依旧保留着灌溉、交通运输、输水等方面的重要作用。

长虹桥位于王江泾镇东,横跨古运河,是嘉兴最大的石拱桥,也是大运河上罕见的三孔实腹石拱大桥,气势宏伟,形似长虹。桥全长72.8米,桥面宽4.9米,东西桥阶斜长30米,各有台阶57级,用长条石砌置。桥拱三孔,是纵联分节并列砌筑法的半圆形石拱。拱宸桥(如图6-1所示)位于杭州北部的杭州塘上,采用木桩基础结构,拱券为纵联分节并列砌筑,属于三孔驼峰、薄拱、薄墩、联孔石拱桥。广济桥位于杭州塘沿线的塘栖古镇,属于薄墩、联拱、七孔实腹拱桥,是大运河上保存至今规模最大的薄墩、联拱石桥。两桥均保存完整,仍在使用。八字桥位于浙江省绍兴市越城区蕺山街道八字桥直街东端,地处八字桥历史文化街区广宁桥、东双桥之间。八字桥的结构为石梁桥,建在3条河道的汇合处,由主桥和辅桥组成,共有4组台阶,为三街三河交叉的四向落坡设计。桥东为南、北落坡,成八字形;桥西为西、南落坡,成八字形;桥两端的南向二落坡也成八字形。它们无疑是人类创造精神的代表作。古纤道,位于浙东运河萧山—绍兴段沿岸,是运河与天然河流交汇处的工程设施,是古代人以人力背纤为行船提供动力的通道,是运河船运的重要辅助设施。古纤道全长7.7千米,始建于西晋。随着运河行船已经由人力驱动改为机械驱动,古纤道的功能从交通运河演变成观光旅游。

图 6-1 杭州拱宸桥

第二,作为能为已消逝的文明或文化传统提供独特见证的载体,浙江段大运河具体内容表现在：浙江大运河的独特之处在于见证了中国历史上已消逝的一个特殊的制度体系和文化传统——漕运的形成、发展、衰落的过程以及由此产生的深远影响。大运河一直由国家建设和管理，其所承载的漕运功能由历代王朝共同沿用。正是由于动因与功能的不同，浙江人运河具有了独特的价值特征。此外，浙江大运河沿岸经济与城市的发展见证了一个伟大农业文明的功能核心，以及水路网络在其中所起的决定性作用。

南浔顿塘故道（如图 6-2 所示）始建于西晋太康年间（280—289），为湖州地区的区域运河河道。隋代初期，贯通南北的大运河建成，顿塘成为湖州联系大运河的重要航道。南宋时期，顿塘成为大运河支线——江南运河西线的一部分，后经多次疏浚维修，一直保持着航运的功能。富义仓位于杭州市拱墅区运河主航道与支流胜利河的交叉口附近，用于粮食的存储与转运，见证了历史上米市、仓储和码头装卸业等经济业态。它与北京的南新仓并称为"天下粮仓"。原有四排仓储式长房，现尚存三排，基本格局尚存，它是研究古代仓储制度的重要实物例证。凤山水城门遗址位于杭州古城南端，是杭州中河至龙山河上的古代五水门中唯一尚存的，是研究杭州城池演变的标志，现作为杭州城墙遗址的一部分对公众开放。浙江嘉兴海宁市长安镇区范围内的长安闸是现存唯一并为国际运河名录所记载的复闸例证。长安闸是古代系统水利工程，历史上包括长安新老两堰（坝）、澳闸（上中下三闸和两水澳），现存有长安堰旧址（老坝）、上中下三闸遗址、闸河。西兴过塘行码头位于西兴老街官河沿岸，是沟通钱塘江与浙东运河的运输枢纽，主要起到票据交换、货物中转的作用。现因钱塘江河道北移，码头失去原有的运输功能，相关水工设施作为遗址保存完好。山阴故水道始建于春秋时代，是浙东运河萧山至绍兴段最早的一段人工水道。南北朝时期逐渐形成以渠化天然河道为主的运河体系，唐宋时期在工程与制度方面有巨大改善，形成了较为完整的运河体系（包括西兴运河、绍兴城内运河等河段）。西兴过塘行码头是浙东运河西端的码头，西兴为春秋时期越国渡钱塘江的主要渡口，后逐渐改为驿站，并设镇。过塘行即转运栈。转运栈在明清时期浙东运河与钱塘江之间无法直接行船通航的时间里，专门负责浙东运河与钱塘江之间的货物、人员转运工作。现因钱塘江河道北移，码头已经废弃，失去原来的运输功能,相关水利设施作为遗址保存完好。宁波庆安会馆位于浙江省宁波市区三江口东岸,为甬埠行驶北洋的舶商所建,始建于清道光三十年(1850),落成于咸丰三年(1853),既是祭祀天后妈祖的殿堂,又是舶商航工娱乐聚会的场所。上述内容都是浙江大运河文明内涵的历史见证——或在历史上,或在现实中。

图 6-2 南浔颕塘故道

第三,作为一种建筑、建筑群、技术整体或景观的杰出范例,浙江段大运河展现了历史上一个或几个重要发展阶段,具体内容表现在:浙江大运河所在区域的自然地理状况异常复杂,开凿和工程建设中产生了众多因地制宜、因势利导的具有代表性的工程,并联结为一个技术整体,以其多样性、复杂性和系统性,体现了具有东方文明特点的工程技术体系,以及农业文明时期人工运河发展的悠久历史阶段和巨大的影响力。

桥西历史文化街区位于大运河杭州段主航道西岸、拱宸桥西侧,是清朝、民国以来沿运河古镇民居建筑中保存最为完整的地带,是反映清末民初地方城市建设的自然和人文环境合一的范例,也保存着近代工业发展过程中的生产厂房、生产工具及航运机械,保存着饮食、礼俗、信仰等社会历史文化。桥西历史文化街区是体现河、桥节点作用的重要区段,充分证明了杭州段运河对运河聚落的格局与演变有着重大影响。南浔镇历史文化街区现为南浔镇区内核心居民区,总面积1.68平方千米。街区内保留着明清历史风貌,较完整地体现了清末民初南浔古镇的街区格局。街区内相关建筑遗产保存完好,重要保护建筑作为博物馆向公众开放,其余民居建筑基本保持了原有的居住功能。南浔古镇是因大运河頔塘段而起源、发展、兴旺的市镇的典型例证。大运河及周边地区发达的蚕桑与农耕经济,依托大运河的水利和运输功能,支撑着南浔由一个小渔村发展成为历史上的经济重镇。八字桥(如图6-3所示)历史文化街区是绍兴古城街河布局的典范,街区内有稽山河和都泗河两条河道,呈丁字形。八字桥水街为"一河两街",八字桥与河道两旁恬淡素雅的民居十分协调。广宁桥一带则为"一街一河"("前街后河")和"有河无街"。八字桥附近有东双桥、广宁桥两座古桥与其相互映照,堪称水城一景。

图6-3 绍兴八字桥

第四,作为具有突出普遍性意义的事件、活传统、观点、信仰、艺术作品或文学作品,浙江段大运河具体内容表现在:中国大运河是中国自古以来的大一统思想与观念的印证,并作为庞大农业帝国的生命线,对国家大一统局面的形成和巩固起到了重要的作用。修建大运河成为历代皇帝蠲赋恩赏、巡视河工、观民察吏、阅兵祭陵、安抚江南民心的治国之道。通过巡游解决南方的政治、经济问题,比如当时黄淮和浙江海塘频发水患,乾隆南巡的一个目的正是督促当地的水利建设。与此同时,浙江大运河通过对沿线风俗传统、生活方式的塑造,与运河沿线广大地区的人民产生了深刻的情感关联,成为沿线人民共同认可的"母亲河"。

与大运河物质文化遗产相伴而生的有造船、造桥、建造坝闸埠渡口等一系列建造运河交通设施的技能与知识,船帮、船民的节日与庙会,大运河传说,船歌,水路班子,三跳,船拳,水会,等等,这些构成了大运河杭州段非遗的核心。

6.4 浙江大运河普遍性遗产价值的保护与示范作用

基于价值研究和同类遗产比较分析的结果,浙江大运河的突出普遍性价值可以概括为:隋唐宋、元明清两次大贯通时期漕粮运输系统的格局、线路、运行模式;自春秋至今清晰、完整的演进历程;传统运河工程的创造性和技术体系的典范性;对中国区域文明持续的、重大的影响——包括历史上以及延续至今的大运河的用途和功能。

6.4.1 浙江大运河文化示范性提升方法

基于普遍性价值特征的大运河申报遗产选择标准与亚标准以及浙江示范窗口打造的需要,以下十大方面的内容是浙江大运河文化示范窗口建设应重点关注的。

第一,位于运河线路的关键点(高程、自然环境、功能等方面的特殊性)和主要河段的功能与影响;

第二,位于整体线路或几大河段的起始点;

第三,体现某个历史时期水利工程的成就或特点——重要枢纽工程、特殊河道技术或形态(弯道、支线、引河、减河等);

第四,代表性水工设施(闸、坝、水库、桥梁、纤道等);

第五,与运河的基本功能——漕运的管理运行具有直接联系;

第六,反映运河对区域发展与文化传统(聚落繁荣、景观形成、信仰理念等)方面的影响;

第七,反映历史形态和历史时期运河路线位置的考古遗址;

第八,历史悠久、沿革清晰、持续在用的河道(水利或航运功能);

第九,反映历史时期的实体特征(走向、尺度、材质、工艺等);

第十,保护管理和监测措施的评估。

6.4.2　浙江大运河遗产点(段)的标准评估

根据浙江大运河包含的遗产点(段)与不同城市里的运河河道的基本情况,浙江大运河文化公园建设与浙江文明示范窗口的构建,应结合浙江大运河文明遗产的实际情况,针对今后江南运河遗产的弘扬、保护和发展目标,将理论构建和实践操作结合起来。

在实践方面,我们认为可以将杭州段大运河打造成突出遗产普遍性价值的"文明窗口",将湖州段大运河打造成践行"绿水青山就是金山银山"理念的"文明窗口",将嘉兴段大运河打造成体现"红船精神"的"文明窗口",将宁波段大运河打造成融合中外文化的"文明窗口"。

而在理论构建方面,我们认为:首先,浙江大运河遗产要突出本土性价值。对于如何认识在地运河遗产的原真性和完整性,应提出自己的话语解释。其次,遗产保护与利用。对遗产原真性、完整性相关要素的保护应结合浙江"重要窗口"建设的需要。再次,遗产可持续发展。应以确保遗产原真性、完整性为前提进行可持续利用。作为国家大运河文化公园建设重要示范窗口的桥头堡,浙江的大运河示范窗口建设工作应该是长期的、可持续的,而不是面子工程。这跟运河遗产的活态传承与可持续性保护一脉相承。基于此,我们更应该加强对浙江大运河相关遗产及重要河道的综合性保护和管理,对其进行深入研究。对浙江大运河遗产点(段)的标准评估分析如表6-2所示。

表 6-2 浙江大运河遗产点（段）的标准评估分析

标准	位于运河线路的关键位置			功能与影响						反映历史形态			
亚标准	位于运输线路的主线上	位于整体线路或几大运河段的起点	位于运河线路的关键工程位置	重要枢纽工程	特殊河道术技术或形态	代表型水工程利设施	仓储设施	管理及配套设施	反映了运河对区域发展与文化传统方面的影响	反映历史时期运河位置的考古遗址	历史悠久、沿革清晰、持续在用的河道	反映历史时期的实体特征	保护管理条件良好
凤山水城门遗址	●					●						●	●
富义仓	●						●					●	●
拱宸桥	●					●						●	●
广济桥	●					●						●	●
桥西历史文化街区	●									●		●	●
西兴过塘行码头	●					●				●	●	●	●
八字桥	●					●						●	●
八字桥历史文化街区	●										●	●	●
古纤道	●	●				●						●	●
江南运河嘉兴—杭州段	●	●								●	●		●
浙东运河杭州段	●	●									●	●	●

对浙江来讲，浙江大运河遗产点（段）作为中国大运河的组成部分成功申遗，这是遗产再利用工作的起点，而非终点。尤其是结合近年来浙江"重

要窗口"的发展战略,大运河国家文化公园建设与形塑浙江示范窗口的关系,值得我们深入思考。浙江大运河普遍性价值内容颇多,但中国大运河与世界其他五大运河遗产在空间与内容上有显著差异,如何将运河与浙江各个运河城市的文化凝聚力、创造力、亲和力结合,如何提升浙江运河城市的文化品质品位,这些问题,还需要我们去寻找答案。

6.5　建设浙江大运河综合性"重要窗口"的主要策略

推进大运河国家文化公园建设、打造中华文化标志,是贯彻落实习近平总书记重要指示精神和党中央、国务院重要决策部署的具体行动。浙江省和杭州市历来高度重视运河文化的整理研究工作,在运河文化遗产传承保护和运河综合利用发展方面成果丰硕,并正在积极推进运河国家文化公园浙江段的规划建设工作。但也应当看到,北京、山东、江苏和上海近年来在运河文化研究传播和运河国家文化公园建设方面不断推出重要举措和成果,接连获批国家社科重大项目,推出重要文化产品,与之相比,浙江省运河国家文化公园建设在研究与传播上,还不够有力有效。2023年浙江迎来亚运会这一难得的历史机遇,理应在运河国家文化公园这一中华文化标志的建构与传播上做出独特贡献,发挥更重要的作用。

基于对浙江大运河国家文化公园建设的战略思考,我们提出打造浙江大运河综合性示范"重要窗口",引领全国大运河文化传承保护利用方向的相关建议。

6.5.1　浙江大运河应成为赋能沿线产业共富的"重要窗口"

首先,充分认识和肯定运河文化作为文化资本的重大价值和重要意义。运河文化蕴含着政治、经济、文化、教育、娱乐以及日常生活等多个层面的意义,关联着帝王庙堂与民间城镇、国家民族经济命脉与民众日常生活生产,以及南北的交通交流,乃至辐射海内外贸易经济文化的往来。推动运河文化符号深入人心,可增强民族自信心和自豪感,提高中华民族文化的国际知名度和影响力,提升国家软实力。因此,要力争将运河国家文化公园的意识形态融入文化市场的传播运作中,增强传播受众黏性与接受度。其次,借鉴英国莎士比亚文化资本传承运用的成功经验。研究显示,莎士比亚的文化资本运作400多年来经久不衰、历久弥新、多元跨界,形成了莎士比亚"产业帝国",文化与市场、经济、资本共生互荣,其是一种文化资产,也是一种软实力资产,成功实现英国增强软实力和促进经济发展的目标。

充分挖掘"四条诗路"中大运河文化诗路的文化IP,打造围绕浙江大运河的文旅融合先行区,深化诗画浙江、未来景区等文旅品牌建设。加快大运河文化产业带建设,尤其是重点扶持临平区大运河国家文化公园暨大运河科创城建设,结合国家级经济技术开发区、临平新城以及大运河科创城,将科创、文创融入临平区大运河的山水肌理中,使科创城成为临平区主动对接长三角、城西科创大走廊的新平台,打造该区以科创为核心的第三增长极。共同富裕既要物质生活共同富裕,也要精神生活共同富裕。建设共同富裕示范区,更加需要发挥文化铸魂塑形赋能的强大力量和功能,进而加快打造新时代文化高地,构建起以文化力量推动社会全面进步的新格局。自古以来,运河作为中国的经济大动脉、商贸大通道,一直引领着运河沿线城市和地区的发展与共富。浙江大运河应成为赋能沿线产业共富的"重要窗口",浙江大运河文化和大运河旅游应成为共同富裕示范区建设的牵引性载体和标志性成果。

6.5.2 浙江大运河应成为践行"绿水青山就是金山银山"理念的"重要窗口"

"环境立城"战略是运河支点城市杭州的基本发展战略。环境就是生产力,环境就是竞争力。环境是最大的优势,也是最重要的战略资源。在未来的城市竞争中,城市不再以人口规模拼大小,只能以品质争高低、以特色论输赢。环境重于政策,环境投入是回报率最高的生产性投入,以一流的环境吸引一流的人才,以一流的人才创造一流的业绩,坚持走绿色新型城镇化发展道路,是未来的方向。

首先,应建立大运河自然保护地以及大运河文化公园文化传承展示区的综合性体系。自然地是生态建设的核心载体、中华民族的宝贵财富、美丽中国的重要象征,在维护国家生态安全中居于首要地位。建立以国家公园为主体的自然保护地体系,是贯彻习近平生态文明思想的重大举措,是党的十九大提出的重大改革任务。《关于建立以国家公园为主体的自然保护地体系的指导意见》提出,要按照"山水林田湖草"是一个生命共同体的理念,创新自然保护地管理体制机制,实施自然保护地统一设置、分级管理、分类保护、分区管控的办法,形成以国家公园为主体、自然保护区为基础、各类自然公园为补充的自然保护地体系。浙江大运河综合性"重要窗口"的打造要从自然界角度思考,找到人与自然之间的平衡点。在运河遗产保护与建设过程中,不能只满足人的需求,如路面硬化、照明亮灯等,还要考虑野生动植物的生存与栖息,给它们留足生存空间,形成真正的生态文明。许多学者也认为,为达到保护生物多样性的目的,健康的城郊区域生态系统之间需要建立缓冲带、道路等线性工程穿越的区域,也需要在其周围营建大型防护绿地等,而浙江大运河沿线水网密布,在建立生态性和经济性合一的缓冲带上具有天然的条件。其次,要建立完善的工作管理体系,理顺其组织关系、专业关系和协调关系,使运河遗产资源综合性开发利用工作做到责任、权利的对等和呼应,避免管理体系上存在堵塞和漏洞。要加强专业管理人员的培训与发展工作,完善浙江大运河沿线生态和资源保护工作人员职业成长和专业发展的建设体系,使人员和管理者能够根据工作的实际需要有效提升自身管理技能与水平,适应新时代的管理工作。

6.5.3 浙江大运河应成为文化高地建设的"重要窗口"

运河支点城市杭州有 8000 年文明史、5000 年建城史,有完整的文化序列、良好的运河文化传统、深厚的运河遗产积淀。文化历来是杭州的优势、特色和核心竞争力。新时代,杭州加快建设"一城一窗",重中之重就是要做好历史文化遗产的保护和利用。浙江大运河文化遗产底蕴深厚,运河文化产业有很大发展空间,具有打造文化高地"重要窗口"的潜质。

宏观层面:可结合全国大运河文化保护进程,放眼世界运河文化,挖掘浙江段运河文化精神内涵,建立"运河国家文化公园"符号话语体系;同时运用大数据手段,建立运河文化数据库。中观层面:在比较研究大运河各段文化中突显浙江运河文化与吴越文化、齐鲁文化等地方文化之关联,研究运河制度与国家制度、运河文化与其他社会时代文化变迁之关系及其原因。微观层面:采用跨学科研究视野和理论方法,注重运用数字化、数据分析等技术,细化深入研究运河文化各方面、各层次内容,挖掘运河文化新内涵,分析其未来发展趋势。

从浙江范围内的运河文化相关研究方面来看,主要以杭州段运河文化研究为主。这方面的成果主要是依托杭州运河(河道)研究院主持编写的一批涉及杭州漕运、运河桥、运河船、运河沿线建筑、运河名胜、运河土特产、运河集市等的著作。徐吉军《杭州运河史话》(杭州出版社,2013年)和孙忠焕《杭州运河史》(中国社会科学出版社,2011年)是从通史视角开展杭州运河的系统性研究的。陈桥驿《中国运河开发史》(中华书局,2008年)一书中有关"江南运河"的一章,多有涉及杭州等地域的运河文化。此外,邱志荣和陈鹏儿《浙东运河史》(中国文史出版社,2014年)、吕微露《浙东运河古镇》(中国建筑工业出版社,2019年)、陈云水《余杭运河船民口述史》(杭州出版社,2015年)、张前方《湖州运河文化》(二十一世纪出版社集团,2015年)、邱志荣《浙东古运河:绍兴运河园》(西泠印社出版社,2006年)和嘉兴市文化广电新闻出版局编《运河记忆:嘉兴船民生活口述实录》(上海书店出版社,2016年)等著作涉及浙江湖州、嘉兴、绍兴、宁波等地的运河文化内容。

要进一步保护好大运河遗产,利用好运河文化,发展好运河文化产业,就需要进一步开展系统的浙江大运河文化研究,研究与规划结合,研究先行。在2021年9月召开的浙江省委文化工作会议上,时任浙江省委书记的袁家军要求高质量打造具有代表性的重要文化符号,并使之成为引领高质量发展、建设共同富裕示范区的强大精神动力。在浙江加快打造新时代文化高地的发展背景下,我们要进一步探索浙江大运河文化与江南文化、良渚文化、南宋文化等浙江地域文化之间的关系与融通机理,考察大运河文化基因集成与解码历程。在此基础上,以大运河基础设施型媒介为载体,融合浙江特色地域文化,形成浙江"大运河+"文化符号和品牌。

我们应从浙江大运河生产性和生活性维度构建多层次的浙江大运河国

家文化形象,进一步明确"挖掘浙江段运河文化精神内涵,传播浙江大运河优秀文化内容,打造多层次的浙江大运河国家文化形象,建立浙江'运河国家文化公园'符号话语体系"的研究目的,进而打造浙江大运河文化高地的"重要窗口",使其成为大运河国家文化公园建设的浙江样板。

6.5.4 浙江大运河应成为数字遗产治理的"重要窗口"

在浙江大运河旅游项目中,要提供高质量、重体验的智慧服务,建立完善的大运河旅游路线信息系统、运河智慧服务平台,优化智慧服务流程。运河沿线景区具有流动性和线性特点,在发展运河智慧旅游时,应以游客为中心,将细节做到极致,注重游客的运河文化感知与游船体验,增加与游客的水文化互动,不断优化和完善细节,让更多的游客通过大运河智慧服务平台体验"运河智慧旅游"。大运河文化公园建设期间,浙江在发展大运河智慧旅游的过程中,需要给游客提供高质量、重体验的运河智慧服务,提供更人性化的服务,简化手续的同时能够让游客感受到人文关怀。

比如,根据目前运河旅游项目仍使用纸质票的现状,运河游览项目可以投入使用电子票,将身份证作为验证与提醒的必要中介物,刷身份证后台就可以获得订票信息,或扫描手机上在线购票而形成的二维码,以此来实现门票电子化。丰富各大智慧服务平台上的在线服务内容,时刻关注在线游客的动态,及时采取措施。如手机 App 上不仅可以提供简单的在线购票、评价等功能,还可以增加商户和景区的具体介绍,让游客对其更了解。而运河景区和商户也要经常更新推送消息,吸引游客;同时应及时关注后台订单、评价等,并给予及时回复或采取相应措施,增加与游客的互动。再比如运河景区可以提供有偿使用蓝牙耳机的服务(主要针对外国游客),可以选择各国语言来介绍景点,并且耳机具有定位功能,可以自动定位游客所在地,选择相对应的景点、语言,进行同步讲解。

深度挖掘浙江大运河厚重文化内涵和优质文旅资源,让杭州水韵、南宋文化和中国精神更加鲜活。同时在文化示范引领、文化设施提升、名人文化推广、文创品牌打造、文化交流等方面持续发力,结合园艺、茶道、养生、宗教、红色、二次元等元素,推进大运河沿线吃、住、行、游、购、娱全面发展。强化运河数字智慧的概念,率先将数字赋能最新成果运用到运河沿线景区发展建设上,深入推进运河景区标准化、市场化、信息化建设,通过制度创新、手段创新,以大数据技术实现"一个屏幕管运河,一部手机游运河",打造最智慧、最聪明的开放式大运河景区现代化治理典范。

6.5.5 浙江大运河应成为活态遗产实践的"重要窗口"

浙江大运河作为一个延续了 2000 多年至今仍在发挥重要作用的"活的遗产",其沿运河水陆网络在空间上扩展开去的历史遗物、建筑物、建筑群、居民社区、城市乡村等,无不体现着大运河的文化内涵与时代变迁。然而随着经济社会的发展,大运河的传统运输功能已经改变,河道、沿河风貌和人民生活也发生了巨大变化。再加上当前面临的城市现代化、农村城镇化建设的严重挑战,加强对大运河历史文化遗存、风光景物和自然生态环境的保护,使之免遭破坏,保持大运河杭州段遗产的完整性、独特性和可持续性成为当前的紧迫工作。

以桥西历史文化街区为例,其以京杭大运河为依托,形成了运河运输—码头—仓储的特色仓储运输文化,以及沿河商业街—里弄—民居的城市平民居住文化。同时,位于拱宸桥桥西的第一棉纺织厂是杭州棉纺织工业的发源地,其百年的工业发展也促成了工业生产—仓储—运河运输的富有运河特色的近代棉纺织工业文化。桥西历史文化街区充分证明了杭州段运河对运河聚落格局与演变的重大影响,是大运河杭州段遗产保护的重点之一。

桥西历史文化街区保护内容包括历史建筑、民居建筑、商铺建筑、筒子楼等,其中以敬胜里、桥弄街和中心集施茶材会公所最具代表性。在总体布局上,保护区划分出"民居保护区""仓储文化创意园""杭一棉近代工业文化创意园"三大片区和以延续清末民国时期建筑风貌为主的风貌协调区。按照"一带三区六节点"的大保护格局,对民居和商铺应保尽保,恢复历史上拱宸桥桥西的商业景观和形态,增加里弄建筑的厨卫设施,改善人们的居住环境,使桥西历史文化街区成为集居住、商业、创意产业和文化旅游于一体,集中体现清末至新中国成立初期杭州依托运河而形成的近代工业文化、平民居住文化和仓储运输文化的文化复合型历史街区。

桥西街区有着近500年的历史。崇祯四年(1631)始建拱宸桥,此后周边逐渐形成街市。康熙五十六年(1717),重建拱宸桥,拱墅运河历史街区日渐繁华。清末至民国期间,拱宸桥地区成为运河沿岸航运工作者、个体工商业者、近代产业工人的聚居区和杭州近代重要的商业中心。此后在桥弄街南侧逐步形成了以纱厂工人为主的城市平民聚居区,并在桥西直街、桥头形成了与之相配套的以城市中下阶层为服务对象的商业区域。2005年,拱宸桥被列为浙江省文物保护单位;2006年,桥西历史文化街区作为京杭大运河的一部分被国务院批准为第六批全国重点文物保护单位。桥西历史文化街区因特色建筑、消费化空间符号和消费空间,成为近年来城市文化消费活动中的时尚场所和创意产业基地。

这种发展模式容易造成其原真生活化的运河文化内涵消失殆尽,使得原有的社会结构体系被单调重复的商业形态所代替,街区发展实质转变为营利性空间生产行为。另外,在该街区的文化、生态和旅游功能强化过程中,当地社区生活功能可能会被边缘化,过度公共化使得当地居民的生活空间被压缩,削弱了居民的遗产认同感和参与感,从而进一步加剧了遗产主体和遗产保护主体的分离现象,不利于大运河发展保护的可持续性。

在后申遗时代浙江大运河的遗产保护中,对当地原真文化保护的同时,还要兼顾后现代游客的消费需求以及浙江文化形象建设与传播方面的工作需求。所以,我们认为大运河国家文化公园建设中所凸显的"文化"二字,即要求浙江作为中国经济与文化事业的"重要窗口",应该将运河遗产的物质性财富与精神性财富结合起来。既要将浙江大运河遗产中丰富的人类创造物保护好、传承好,又要将浙江大运河遗产中的非物质性文化保护好、传承好。

6.5.6 浙江大运河应成为传播"国家形象"的"重要窗口"

我们应充分认识传播受众心理,进行精细化、分众化传播。根据运河区域民众、中国民众以及世界民众等受众身份的多样性和多重性,有针对性地设计生产场景化、分众化的传媒产品和传播方案。如莎士比亚文化分众化传播极大增强了研究学者、普通民众等不同受众的公民意识、文化兴趣和文化自信,故宫博物馆非常精细地设计了其文创产品应用的各种细分场景。因此,运河文化建设也可以从年龄、性别、受教育程度、国别、兴趣取向等方面区分多类受众群体,精准设计针对各类群体、各种场景的运河文化传播内容、媒介方式和文化产品,充分发挥浙江作为文化产业大省和强省的优势,实现运河文化传播与浙江文化产业的有机结合与互利共赢。

在运河文化传播中,要努力做到现实与历史交织、高雅与大众交汇,增强文化自信和文化凝聚力。针对海外传播,借鉴 BBC 的纪录片《杜甫》的成功经验,以著名汉学家宇文所安翻译的杜甫诗为主体,生动呈现杜甫颠沛的生平经历、深厚的爱国情怀、沉重的忧患意识以及当时宏大的历史背景、纷繁的乱离景象和细致的村井风貌,同时,由电影《指环王》《哈利·波特》中正面人物的扮演者伊恩·麦克莱恩爵士出镜朗诵,将杜甫古诗原本的叙事性和抒情性发挥出来,成功地以对文化的尊崇战胜意识形态的国界。研究分析国际传播的受众心理及传播策略,做到更加符合国际传播惯例、规律及方式,丰富分层与精细分众精准到位,在文化层面上实现"运河国家文化公园"对内传播和对外意识形态传播的创新。

抓住亚运会这一历史机遇,充分精心准备运河文化各类研究成果和传媒产品。亚运会前后,国际国内运动员、体育界各级官员和专家、年轻观众和游客将云集杭州,他们是最好的文化传播载体。浙江省众多文化传播与科技公司,拥有一流的 VR 技术、AI 技术、数字化视觉传达技术以及影视动漫制作技术。而运河文化可以提供丰富的内容素材和运用场景,运河文化本身也包含全民健身文化以及各类竞技运动文化,可以很好地与亚运会场景融合。要借这一重要历史契机,努力形成运河国家文化公园与亚运会国际赛事相互推动的传播态势,推进国家文化公园建设。"十四五"时期是我国全面建成小康社会、实现第一个百年奋斗目标之后,乘势而上开启全面建设社会主义现代化国家新征程、向第二个百年奋斗目标进军的第一个五年。浙江大运河及其沿线遗产是新时代浙江文化、产业与社会发展的宝贵财富。我们应该集聚各界各级力量和社会大众共同参与建设。比如,可以利用省社科联各类课题项目以及"浙江文化研究工程"等,加快推进运河国家文化公园研究与建设,把浙江运河文化置于运河国家文化公园、运河文化带以及世界运河城市的大视野之中,置于南北政治经济文化社会发展变迁的大背景之中,深入细化浙江段运河文化的研究。又如,积极调动高校和大学生文化创意策划与设计等力量,与创意内容深度结合,创造出新的符合时代受众需求的运河文化产品。利用大数据预测分析亚运会期间人员往来以及大众传媒资源数据,针对性地设计运河国家文化公园传媒产品和文创产品,实施精准投放,以达到最佳传播效果。大运河沿线完全可以成为展示中国人与自然和谐相处、共生共荣的"重要窗口"。浙江大运河文化公园应建设成为"共同富裕""绿水青山就是金山银山"实践的先行示范区。浙江大运河是展示新时代浙江社会经济建设的综合性"重要窗口"。

参考文献

一、专著

［1］安作璋.中国运河文化史［M］.济南:山东教育出版社,2006.

［2］包伟民.宋代城市研究［M］.北京:中华书局,2014.

［3］包亚明.现代性与空间的生产［M］.上海:上海教育出版社,2003.

［4］陈坚.夏衍的生活和文学道路［M］.杭州:浙江文艺出版社,1984.

［5］陈桥驿.中国运河开发史［M］.北京:中华书局,2008.

［6］陈述.杭州运河古诗词选评［M］.杭州:杭州出版社,2006.

［7］陈述.杭州运河文献［M］.杭州:杭州出版社,2006.

［8］陈述.走近大运河［M］.杭州:杭州出版社,2006.

［9］丁丙,丁申.武林掌故丛编［M］.扬州:广陵书社,2008.

［10］董校昌.浙江省民间文学集成 杭州市歌谣谚语卷［M］.北京:中国民间文艺出版社,1989.

［11］杜德久.通州运河文库 6 小说卷［M］.杭州:文化艺术出版社,2009.

［12］高利华.越文化与唐宋文学［M］.北京:人民出版社,2008.

［13］高利华,邹贤尧,渠晓云.越文学艺术论［M］.北京:人民出版社,2011.

［14］高玉,朱利民.两浙启蒙思潮与中国近现代文学［M］.北京:中国社

会科学出版社,2012.

[15] 顾希佳.浙江民间故事史[M].杭州:杭州出版社,2008.

[16] 郭志今.当代浙江文学概观 1986—1987[M].杭州:浙江大学出版社,1988.

[17] 贺挺.浙江省民间文学集成 宁波市歌谣谚语卷[M].杭州:浙江文艺出版社,1991.

[18] 杭州市文化局.西湖民间故事[M].杭州:浙江文艺出版社,2000.

[19] 黄健."两浙"作家与中国新文学[M].杭州:浙江大学出版社,2008.

[20] 江怀海,赵莹莹.大运河宁波段研究文集[M].杭州:浙江古籍出版社,2014.

[21] 李最欣.钱氏吴越国文献和文学考证[M].北京:中国社会科学出版社,2007.

[22] 刘旭青.文化视野下浙江歌谣研究[M].杭州:浙江大学出版社,2009.

[23] 鲁杭.世界文学与浙江文学批评[M].杭州:浙江大学出版社,2012.

[23] 陆殿奎.浙江省民间文学集成 嘉兴市歌谣谚语卷[M].杭州:浙江文艺出版社,1991.

[25] 陆云松.运河散语[M].杭州:浙江工商大学出版社,2013.

[26] 毛巧晖,等.北运河民俗志 第一卷:基于文献与口述的考察[M].北京:中国戏剧出版社,2019.

[27] 毛巧晖,等.北运河民俗志 第二卷:图像、文本与口述[M].北京:中国戏剧出版社,2019.

[28] 聂付生.20 世纪浙江戏剧史[M].杭州:浙江工商大学出版社,2014.

[29] 宁波市政协文史委员会.宁波帮与中国近现代报刊业[M].宁波:宁波出版社,2017.

[30] 潘正文.两浙人文传统与百年浙江文学[M].北京:中国社会科学

出版社,2010.

[31] 邱志荣,陈鹏儿. 浙东运河史:上卷[M]. 北京:中国文史出版社,2014.

[32] 让·鲍德里亚. 符号政治经济学批判[M]. 夏莹,译. 南京:南京大学出版,2009.

[33] 沈珉. 文学解读新运河[M]. 杭州:西泠印社出版社,2007.

[34] 孙忠焕. 杭州运河文献集成[M]. 杭州:杭州出版社,2009.

[35] 王福和. 世界文学与 20 世纪浙江作家[M]. 杭州:浙江大学出版社,2004.

[36] 王福和,黄亚清. 世界文学与浙江小说创作[M]. 杭州:浙江大学出版社,2012.

[37] 王嘉良. 浙江 20 世纪文学史[M]. 杭州:浙江大学出版社,2009.

[38] 王嘉良. 浙江文学史[M]. 杭州:杭州出版社,2008.

[39] 王水照,熊海英. 南宋文学史[M]. 北京:人民出版社,2009.

[40] 吴秀明. 文学浙军与吴越文化[M]. 杭州:浙江文艺出版社,1999.

[41] 萧艾. 王国维评传[M]. 杭州:浙江文艺出版社,1983.

[42] 肖荣. 李渔评传[M]. 杭州:浙江文艺出版社,1985.

[43] 徐吉军. 杭州运河史话[M]. 杭州:杭州出版社,2013.

[44] 杨宗红. 明清白话短篇小说的文学地理研究[M]. 北京:中华书局,2019.

[45] 姚汉源. 京杭运河史[M]. 北京:中国水利水电出版社,1997.

[46] 袁亚平. 阅读浙江:一个时代的传奇[M]. 杭州:浙江文艺出版社,2004.

[47] 约翰·杜海姆·彼得斯. 奇云:媒介即存有[M]邓建国,译. 上海:复旦大学出版社,2020.

[48] 张环宙. 河兮,斯水:基于杭州案例群的大运河遗产价值分析与旅游规划研究[M]. 北京:中华书局,2010.

[49] 赵维平. 明清小说与运河文化[M]. 上海:上海三联书店,2007.

[50] 浙江省文学志编纂委员会. 浙江省文学志[M]. 北京:中华书

局,2001.

[51] 浙江省文学志编纂委员会.浙江省文学志[M].北京:中华书局,2001.

[52] 浙江省港航管理局.大运河航运史:浙江篇[M].大连:大连海事大学出版社,2019.

[53] 中国民间文艺研究会浙江分会.浙江风物传说[M].杭州:浙江人民出版社,1981.

[54] 周航,王全吉.浙江民间故事 名胜风物卷[M].杭州:浙江文艺出版社,2011.

[55] 周航,王全吉.浙江民间故事 风云人物卷[M].杭州:浙江文艺出版社,2011.

[56] 周鸿承.朝廷之厨:杭州运河文化与漕运史研究[M].杭州:浙江工商大学出版社,2018.

[57] 周少雄.浙江古代文学考论[M].杭州:杭州大学出版社,1998.

[58] 周薇.运河城市与市民文学[M].上海:上海三联书店,2010.

[59] 朱国成.阅读大运河[M].天津:新蕾出版社,2010.

[60] 朱秋枫.杭州运河歌谣[M].杭州:杭州出版社,2013.

[61] 章寿松.浙江省民间文学集成 衢州市歌谣谚语卷[M].杭州:浙江文艺出版社,1991.

[62] 钟伟今.浙江省民间文学集成 湖州市故事卷[M].杭州:浙江文艺出社,1991.

二、论文

[1] 柏贵喜.系统论视域下国家文化公园建设:结构、功能、机制[J].中国非物质文化遗产,2022(1):100-108.

[2] 陈樟德.从西湖风水文脉谈杭州城市的拥江发展[J].浙江园林,2019(4):37-39.

［3］韩宜轩.重组与聚合：大运河国家文化公园的景观建构［J］.中国文化遗产，2023（3）：99-103.

［4］何影.国家文化公园建设背景下大运河文化遗产旅游发展研究：以拱墅区段为例［D］.杭州：杭州师范大学，2023.

［5］胡侠.聚焦"重要窗口"建设 打造全国林业 践行绿水青山就是金山银山先行示范省［J］.浙江林业，2020（9）：4-7.

［6］金阳.运河沿线城市文化资本的时空演化与旅游利用研究：以中国大运河江浙段为例［D］.扬州：扬州大学，2023.

［7］李东晔，周永博，贾文通，等.基于文化舒适物空间格局的新型城河共生模式研究：以大运河国家文化公园为例［J］.旅游学刊，2023，38（9）：142-155.

［8］梁黎明.坚决扛起建设"重要窗口"的责任担当 推动我省人大工作继续走在前列［J］.浙江人大，2020（9）：7-11.

［9］刘磊，周梦天.开拓"绿水青山就是金山银山"新境界：浙江"十四五"生态文明建设研究［J］.浙江经济，2020（9）：30-33.

［10］刘敏，张晓莉.国家文化公园：从文化保护传承利用到区域协调发展［J］.开发研究，2022（3）：1-10.

［11］刘曙光.论大运河文化的创造性转化与创新性发展［J］.当代中国与世界，2023（4）：88-98＋125.

［12］卢敦基.南朝浙江文学的兴盛及其原因试论［J］.浙江学刊，1990（1）：93-98.

［13］路璐，张锦龙.文化主体性视域下大运河国家文化公园的系统性建设：原则、逻辑与路径［J］.江南大学学报（人文社会科学版），2024，23（1）：79-88.

［14］秦宗财.中华民族共同体认同视域下长江文化与大运河文化的关系研究［J］.中华文化与传播研究，2023（1）：73-85.

［15］覃锦旋，王忠君.基于场景理论的大运河国家文化公园游憩机会谱构建：以北京玉河段为例［J］.中国园林，2022，38（S2）：135-139.

［16］田德新，周逸灵.加拿大里多运河文化旅游管理模式探究［J］.当代

旅游,2021,19(1):12-20+97.

[17] 王晓.杭州市大运河国家文化公园建设研究[J].中国名城,2020(11):89-94.

[18] 王秀伟,白栎影.大运河国家文化公园建设的逻辑遵循与路径探索:文化记忆与空间生产的双重理论视角[J].浙江社会科学,2021(10):72-80+157-158.

[19] 王旭.地方文献与大运河国家文化公园建设:以方志资料为例[J].扬州大学学报(人文社会科学版),2024,28(1):118-128.

[20] 吴殿廷,刘锋,卢亚,等.大运河国家文化公园旅游开发和文化传承研究[J].中国软科学,2021(12):84-91.

[21] 严中华.文化记忆视角下的杭州大运河国家文化公园空间品质提升策略研究[J].建筑与文化,2023(8):239-241.

[22] 杨春侠,张帆,耿慧志,等.大运河国家文化公园建设背景下的古镇复兴策略[J].建筑与文化,2022(11):2-9.

[23] 章珏,吕勤智.大运河文化遗产景观审美体验路径探究:以大运河国家文化公园杭州西兴过塘行码头片区为例[J].建筑与文化,2023(1):220-222.

[24] 赵思萌.视觉修辞视阈下大运河国家文化公园视觉识别系统的建构[J].新楚文化,2023(36):49-52+68.

[25] 浙江省统计局课题组,王美福,傅吉青,等.从统计数字看浙江建设"重要窗口"的优势和潜力[J].统计科学与实践,2020(7):4-8.

后　记

　　《学习时报》有文章指出"国家文化公园"至少涵括 3 个层面的内容：其一，强调整合一系列文化遗产后所反映的整体性国家意义；其二，由国民高度认同、能够代表国家形象和中华民族独特精神的标识且独一无二的文物和文化资源组成；其三，具有社会公益性，为公众提供了解、体验、感知中国历史和中华文化以及作为社会福利的游憩空间，同时鼓励公众参与其中进行保护和创造。① 我们认为，"国家文化公园"除了上述偏向传统的内涵之外，还应该注重利用新的虚拟现实技术，运用根据元宇宙理念和跨媒体叙事理论建构"想象世界"的策略，使中华文化积淀在国民头脑和精神情感领域形成的虚拟世界与文化共同体实现可视化呈现、沉浸式体验和社区化分享，建构虚拟与现实、云上与地面互文互动的多维立体"文化公园"。

　　我们认为，大运河国家文化公园相较于长城、黄河、长征这 3 个国家文化公园的独特之处就在于，大运河是基础设施型媒介，其贯通南北东西、连接古今中外，融汇的物质财富和精神财富的丰富内涵博大精深、独一无二，而且还在不断生长增殖之中。历代以来，大运河工程设施不断建设、重建、改建、扩建，大运河管理政策制度措施因时势而变，有关大运河的文献档案资料以及研究论著大量累积，从实物到虚体各种维度全方位体现中国人民的智慧，实为国家文化之丰碑。今天的数字信息技术和虚拟空间的迅速发

---

　　①　王学斌：《什么是"国家文化公园"》，《学习时报》2021 年 8 月 16 日，第 A2 版。

展,又为新时代的运河建设、运河管理、运河物质与非物质文化的传承发展利用增添了新的维度和巨大的想象空间。

我们这个由来自高校和地方研究部门的人员组成的小团队近年来一直持续关注追踪大运河国家文化公园的建设,着力将最新的政策解读和多学科理论理念引入大运河国家文化公园建设的思考当中,为我们对大运河国家文化公园的观察与思考不断注入活力。本书集结的是我们以浙江为窗口,从各个侧面对建设国家文化公园进行研究的成果,涉及体制机制、规划探索与创新、数字化建设、符号经济学、场景传播、红色资源传播、中外运河城市品牌建设等内容,分别由杭州国际城市学研究中心研究员马智慧,浙江树人大学经济与民生福祉学院讲师曹宇宁,浙江传媒学院新闻与传播学院教授沈珉,浙江工商大学人文与传播学院、大运河文化研究院教授程丽蓉、郭剑敏、周鸿承撰写,由程丽蓉教授完成统稿,感谢团队同人的精诚合作。浙江工商大学人文与传播学院的杨岚、杜若丹、温陈爽、李央央、姚丽颖、付水红等研究生也参与了该书的资料搜集、撰写和事务处理等工作,付出很多,感谢各位的辛劳。本书得到浙江工商大学社科部、浙江工商大学重要窗口研究院的资金支持,浙江工商大学出版社郑建副总编辑为此书的面世做了很多工作,在此深表谢意!团队谨以此作,为国家文化公园建设重大战略提供一点思想之力,虽还未能就虚拟世界叙事建构问题展开讨论,但望抛砖引玉,以待方家。

程丽蓉

2023 年 3 月